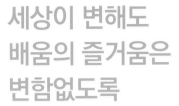

세상이 변해도
배움의 즐거움은
변함없도록

시대는 빠르게 변해도
배움의 즐거움은
변함없어야 하기에

어제의 비상은
남다른 교재부터
결이 다른 콘텐츠
전에 없던 교육 플랫폼까지

변함없는 혁신으로
교육 문화 환경의 새로운 전형을
실현해왔습니다.

비상은 오늘, 다시 한번
새로운 교육 문화 환경을 실현하기 위한
또 하나의 혁신을 시작합니다.

오늘의 내가 어제의 나를 초월하고
오늘의 교육이 어제의 교육을 초월하여
배움의 즐거움을 지속하는 혁신,

바로, 메타인지 기반 완전 학습을.

상상을 실현하는 교육 문화 기업 비상

메타인지 기반 완전 학습
초월을 뜻하는 meta와 생각을 뜻하는 인지가 결합한 메타인지는
자신이 알고 모르는 것을 스스로 구분하고 학습계획을 세우도록 하는
궁극의 학습 능력입니다. 비상의 메타인지 기반 완전 학습 시스템은
잠들어 있는 메타인지를 깨워 공부를 100% 내 것으로 만들도록 합니다.

수와 연산

1학년

수와 연산

1-1 9까지의 수
- 1부터 9까지의 수
- 수로 순서 나타내기
- 수의 순서
- 1만큼 더 큰 수, 1만큼 더 작은 수 / 0
- 수의 크기 비교

1-1 덧셈과 뺄셈
- 9까지의 수 모으기와 가르기
- 덧셈 알아보기, 덧셈하기
- 뺄셈 알아보기, 뺄셈하기
- 0이 있는 덧셈과 뺄셈

1-1 50까지의 수
- 10 / 십몇
- 19까지의 수 모으기와 가르기
- 10개씩 묶어 세기 / 50까지의 수 세기
- 수의 순서
- 수의 크기 비교

1-2 100까지의 수
- 60, 70, 80, 90
- 99까지의 수
- 수의 순서
- 수의 크기 비교
- 짝수와 홀수

1-2 덧셈과 뺄셈
- 계산 결과가 한 자리 수인 세 수의 덧셈과 뺄셈
- 10이 되는 더하기
- 10에서 빼기
- 두 수의 합이 10인 세 수의 덧셈

- 받아올림이 있는 (몇)+(몇)
- 받아내림이 있는 (십몇)−(몇)

- 받아올림이 없는 (몇십몇)+(몇), (몇십)+(몇십), (몇십몇)+(몇십몇)
- 받아내림이 없는 (몇십몇)−(몇), (몇십)−(몇십), (몇십몇)−(몇십몇)

2학년

2-1 세 자리 수
- 100 / 몇백
- 세 자리 수
- 각 자리의 숫자가 나타내는 값
- 뛰어 세기
- 수의 크기 비교

2-1 덧셈과 뺄셈
- 받아올림이 있는 (두 자리 수)+(한 자리 수), (두 자리 수)+(두 자리 수)
- 받아내림이 있는 (두 자리 수)−(한 자리 수), (몇십)−(몇십몇), (두 자리 수)−(두 자리 수)
- 세 수의 계산
- 덧셈과 뺄셈의 관계를 식으로 나타내기
- □가 사용된 덧셈식을 만들고 □의 값 구하기
- □가 사용된 뺄셈식을 만들고 □의 값 구하기

2-1 곱셈
- 여러 가지 방법으로 세어 보기
- 묶어 세기
- 몇의 몇 배
- 곱셈 알아보기
- 곱셈식

2-2 네 자리 수
- 1000 / 몇천
- 네 자리 수
- 각 자리의 숫자가 나타내는 값
- 뛰어 세기
- 수의 크기 비교

2-2 곱셈구구
- 2단 곱셈구구
- 5단 곱셈구구
- 3단, 6단 곱셈구구
- 4단, 8단 곱셈구구
- 7단 곱셈구구
- 9단 곱셈구구
- 1단 곱셈구구 / 0의 곱
- 곱셈표

3학년

3-1 덧셈과 뺄셈
- (세 자리 수)+(세 자리 수)
- (세 자리 수)−(세 자리 수)

3-1 나눗셈
- 똑같이 나누어 보기
- 곱셈과 나눗셈의 관계
- 나눗셈의 몫을 곱셈식으로 구하기
- 나눗셈의 몫을 곱셈구구로 구하기

3-1 곱셈
- (몇십)×(몇)
- (몇십몇)×(몇)

3-1 분수와 소수
- 똑같이 나누어 보기
- 분수
- 분모가 같은 분수의 크기 비교
- 단위분수의 크기 비교
- 소수
- 소수의 크기 비교

3-2 곱셈
- (세 자리 수)×(한 자리 수)
- (몇십)×(몇십), (몇십몇)×(몇십)
- (몇)×(몇십몇)
- (몇십몇)×(몇십몇)

3-2 나눗셈
- (몇십)÷(몇)
- (몇십몇)÷(몇)
- (세 자리 수)÷(한 자리 수)

3-2 분수
- 분수로 나타내기
- 분수만큼은 얼마인지 알아보기
- 진분수, 가분수, 자연수, 대분수
- 분모가 같은 분수의 크기 비교

색깔별로 각 주제의 학습 내용을 알 수 있어요!

⬜ 자연수	⬜ 자연수의 혼합 계산	⬜ 분수의 곱셈과 나눗셈
⬜ 자연수의 덧셈과 뺄셈	⬜ 분수의 덧셈과 뺄셈	⬜ 소수의 곱셈과 나눗셈
⬜ 자연수의 곱셈과 나눗셈	⬜ 소수의 덧셈과 뺄셈	

4학년

4-1 큰 수
• 10000 / 다섯 자리 수
• 십만, 백만, 천만
• 억, 조
• 뛰어 세기
• 수의 크기 비교

4-1 곱셈과 나눗셈
• (세 자리 수)×(몇십)
• (세 자리 수)×(두 자리 수)
• (세 자리 수)÷(몇십)
• (두 자리 수)÷(두 자리 수),
　(세 자리 수)÷(두 자리 수)

4-2 분수의 덧셈과 뺄셈
• 두 진분수의 덧셈
• 두 진분수의 뺄셈, 1−(진분수)
• 대분수의 덧셈
• (자연수)−(분수)
• (대분수)−(대분수), (대분수)−(가분수)

4-2 소수의 덧셈과 뺄셈
• 소수 두 자리 수 / 소수 세 자리 수
• 소수의 크기 비교
• 소수 사이의 관계
• 소수 한 자리 수의 덧셈과 뺄셈
• 소수 두 자리 수의 덧셈과 뺄셈

5학년

5-1 자연수의 혼합 계산
• 덧셈과 뺄셈이 섞여 있는 식
• 곱셈과 나눗셈이 섞여 있는 식
• 덧셈, 뺄셈, 곱셈이 섞여 있는 식
• 덧셈, 뺄셈, 나눗셈이 섞여 있는 식
• 덧셈, 뺄셈, 곱셈, 나눗셈이 섞여 있는 식

5-1 약수와 배수
• 약수와 배수
• 약수와 배수의 관계
• 공약수와 최대공약수
• 공배수와 최소공배수

5-1 약분과 통분
• 크기가 같은 분수
• 약분
• 통분
• 분수의 크기 비교
• 분수와 소수의 크기 비교

5-1 분수의 덧셈과 뺄셈
• 진분수의 덧셈
• 대분수의 덧셈
• 진분수의 뺄셈
• 대분수의 뺄셈

5-2 수와 범위와 어림하기
• 이상, 이하, 초과, 미만
• 올림, 버림, 반올림

5-2 분수의 곱셈
• (분수)×(자연수)
• (자연수)×(분수)
• (진분수)×(진분수)
• (대분수)×(대분수)

5-2 소수의 곱셈
• (소수)×(자연수)
• (자연수)×(소수)
• (소수)×(소수)
• 곱의 소수점의 위치

6학년

6-1 분수의 나눗셈
• (자연수)÷(자연수)의 몫을 분수로 나타내기
• (분수)÷(자연수)
• (대분수)÷(자연수)

6-1 소수의 나눗셈
• (소수)÷(자연수)
• (자연수)÷(자연수)의 몫을 소수로 나타내기
• 몫의 소수점 위치 확인하기

6-2 분수의 나눗셈
• (분수)÷(분수)
• (분수)÷(분수)를 (분수)×(분수)로 나타내기
• (자연수)÷(분수), (가분수)÷(분수),
　(대분수)÷(분수)

6-2 소수의 나눗셈
• (소수)÷(소수)
• (자연수)÷(소수)
• 소수의 나눗셈의 몫을 반올림하여 나타내기

✚ 교과서에 따라 3~4학년군, 5~6학년 내에서
학기별로 수록된 단원 또는 학습 내용의 순서가
다를 수 있습니다.

개념+연산

PLUS

메인 북

초등수학

1·1

구성과 특징

개념 + 드릴

기억에 오래 남는 **한 컷 개념**과 **계산력 강화**를 위한
드릴 문제 4쪽으로 수와 연산을 익혀요.

연산

계산력
강화 단원

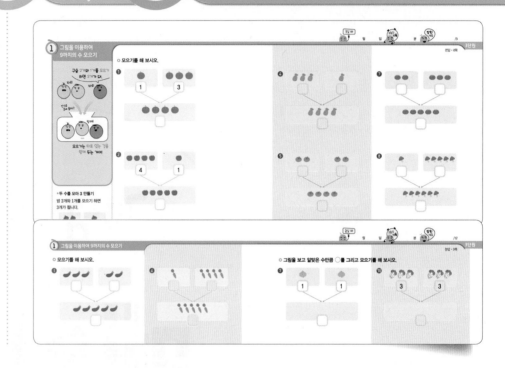

개념 + 익힘

기억에 오래 남는 **한 컷 개념**과 **기초 개념 강화**를 위한
익힘 문제 2쪽으로 도형, 측정 등을 익혀요.

도형, 측정 등

기초 개념
강화 단원

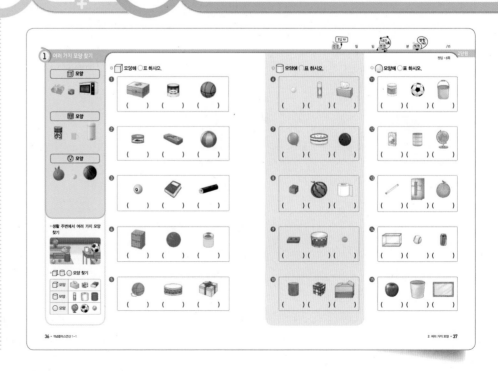

매일 2쪽으로

연산력을 강화해요!

적용 다양한 유형의 연산 문제에 **적용 능력**을 키워요.

특강 비법 강의로 빠르고 정확한 **연산력**을 강화해요.

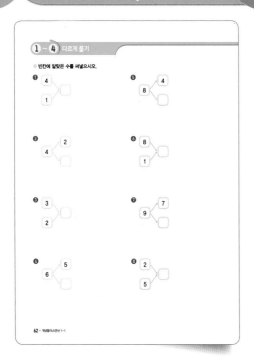

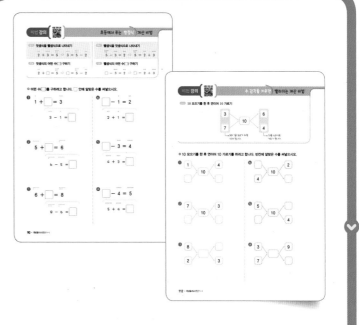

초등에서 푸는 방정식 ☐를 사용한 식에서 ☐의 값을 구하는 방법을 익혀요.

수 감각을 키우면 수를 분해하고 합성하여 계산하는 방법을 익혀요.

평가로
마무리~!

평가 단원별로 연산력을 평가해요.

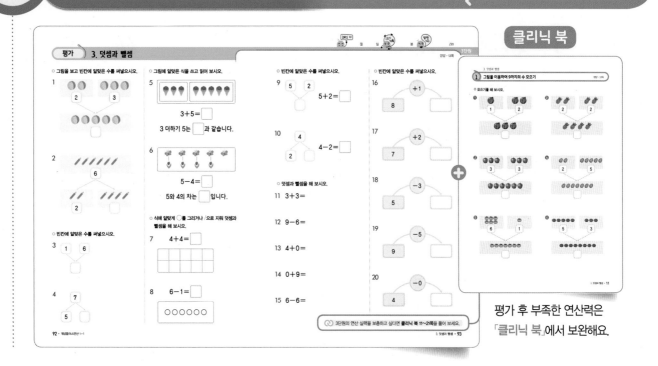

평가 후 부족한 연산력은
「클리닉 북」에서 보완해요.

차례

9까지의 수

학습 내용	학습 회차	걸린 시간
1 1부터 5까지의 수	1일 차	/5분
	2일 차	/9분
2 6부터 9까지의 수	3일 차	/5분
	4일 차	/8분
3 수로 순서 나타내기	5일 차	/4분
	6일 차	/7분
4 9까지의 수의 순서	7일 차	/6분
	8일 차	/9분
5 1만큼 더 큰 수, 1만큼 더 작은 수 / 0	9일 차	/6분
	10일 차	/9분
6 9까지의 수의 크기 비교	11일 차	/9분
	12일 차	/10분
평가 1. 9까지의 수	13일 차	/15분

기초력 상승!

헛 둘! 헛 둘!

● 1부터 5까지의 수

	쓰기	읽기
●	①|	하나 일
●●	①2	둘 이
●●●	①3	셋 삼
●●●●	①4②	넷 사
●●●●●	①5②	다섯 오

○ 수를 세어 ◯표 하시오.

①

하나 둘 셋 넷 다섯

②

하나 둘 셋 넷 다섯

③

하나 둘 셋 넷 다섯

④

일 이 삼 사 오

⑤

일 이 삼 사 오

○ 그림을 보고 알맞은 수만큼 ◯를 그리고 ◯ 안에 알맞은 수를 써넣으시오.

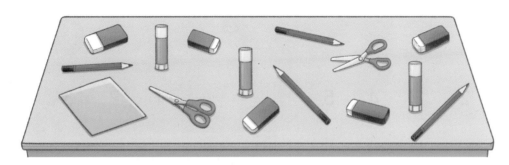

6  ⋯⋯ [표] ⋯⋯ ◯

└─ • 색종이의 수만큼 ◯표 해요.   └─ • 색종이의 수를 숫자로 써요.

7 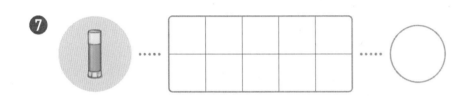 ⋯⋯ [표] ⋯⋯ ◯

8 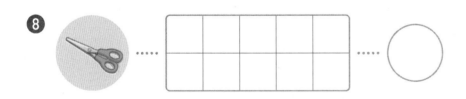 ⋯⋯ [표] ⋯⋯ ◯

9 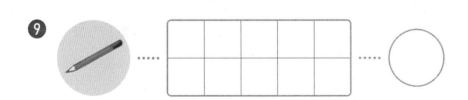 ⋯⋯ [표] ⋯⋯ ◯

10 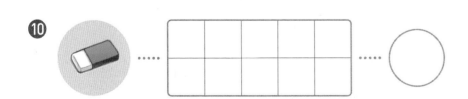 ⋯⋯ [표] ⋯⋯ ◯

○ 수를 세어 ○표 하시오.

❶

| 1 | 2 | 3 | 4 | 5 |

❻

| 1 | 2 | 3 | 4 | 5 |

❷

| 1 | 2 | 3 | 4 | 5 |

❼

| 1 | 2 | 3 | 4 | 5 |

❸

| 1 | 2 | 3 | 4 | 5 |

❽

| 1 | 2 | 3 | 4 | 5 |

❹

| 1 | 2 | 3 | 4 | 5 |

❾

| 1 | 2 | 3 | 4 | 5 |

❺

| 1 | 2 | 3 | 4 | 5 |

❿

| 1 | 2 | 3 | 4 | 5 |

○ 수를 세어 ☐ 안에 알맞은 수를 써넣고, 그 수를 바르게 읽은 것에 ○표 하시오.

⑪

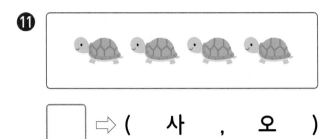

☐ ⇨ (사 , 오)

⑫

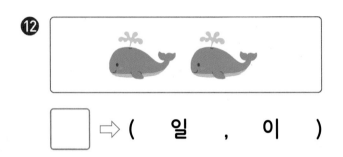

☐ ⇨ (일 , 이)

⑬

☐ ⇨ (하나 , 둘)

⑭

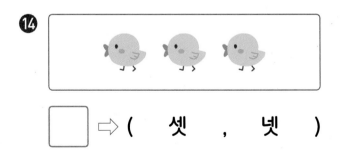

☐ ⇨ (셋 , 넷)

⑮

☐ ⇨ (삼 , 오)

⑯

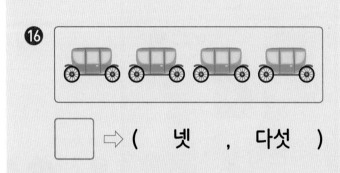

☐ ⇨ (넷 , 다섯)

⑰

☐ ⇨ (일 , 삼)

⑱

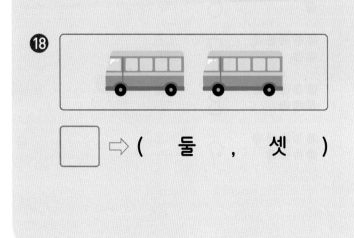

☐ ⇨ (둘 , 셋)

수를 두 가지
방법으로
읽을 수 있어!
'여섯', '육'!

'일곱', '칠'!

'여덟', '팔'!

'아홉', '구'!

● 6부터 9까지의 수

	쓰기	읽기
●●●●● ●	① 6	여섯 육
●●●●● ●●	① 7 ②	일곱 칠
●●●●● ●●●	① 8	여덟 팔
●●●●● ●●●●	① 9	아홉 구

○ 수를 세어 ◯표 하시오.

❶

| 여섯 | 일곱 | 여덟 | 아홉 |

❷

| 여섯 | 일곱 | 여덟 | 아홉 |

❸

| 여섯 | 일곱 | 여덟 | 아홉 |

❹

| 육 | 칠 | 팔 | 구 |

❺

| 육 | 칠 | 팔 | 구 |

○ 그림을 보고 알맞은 수만큼 ◯를 그리고 ◯ 안에 알맞은 수를 써넣으시오.

6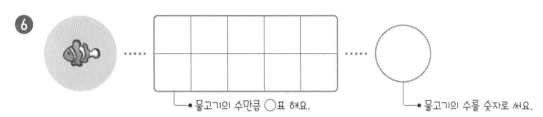

물고기의 수만큼 ◯표 해요.

물고기의 수를 숫자로 써요.

7

8

9

10

○ 수를 세어 ◯표 하시오.

❶

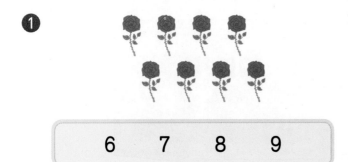

| 6 | 7 | 8 | 9 |

❷

| 6 | 7 | 8 | 9 |

❸

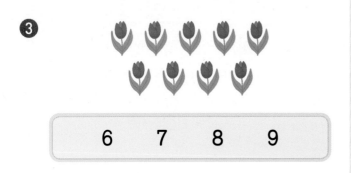

| 6 | 7 | 8 | 9 |

❹

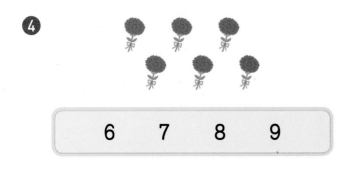

| 6 | 7 | 8 | 9 |

❺

| 6 | 7 | 8 | 9 |

❻

| 6 | 7 | 8 | 9 |

❼

| 6 | 7 | 8 | 9 |

❽

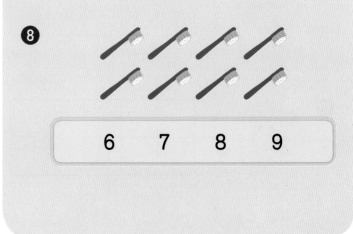

| 6 | 7 | 8 | 9 |

정답 · 3쪽

○ 수를 세어 ☐ 안에 알맞은 수를 써넣고, 그 수를 바르게 읽은 것에 ◯표 하시오.

9

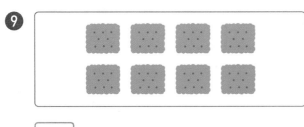

☐ ⇨ (여덟 , 아홉)

10

☐ ⇨ (여섯 , 여덟)

11

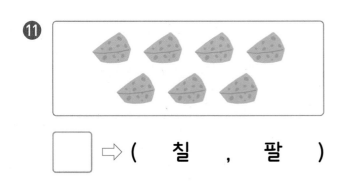

☐ ⇨ (칠 , 팔)

12

☐ ⇨ (일곱 , 아홉)

13

☐ ⇨ (여섯 , 일곱)

14

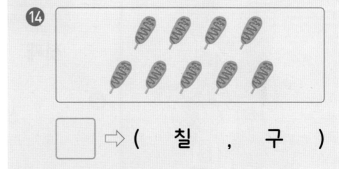

☐ ⇨ (칠 , 구)

15

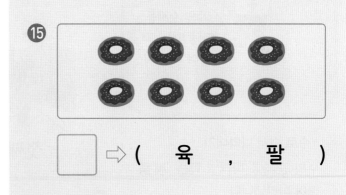

☐ ⇨ (육 , 팔)

16

☐ ⇨ (육 , 구)

● 수로 순서 나타내기

수의 순서를 나타낼 때는 '째'를 붙여 나타냅니다.

1	2	3
첫째	둘째	셋째

4	5	6
넷째	다섯째	여섯째

7	8	9
일곱째	여덟째	아홉째

○ 순서에 알맞게 이어 보시오.

❶

둘째	다섯째	일곱째

첫째

❷

셋째	아홉째	여섯째

첫째

❸

여덟째	다섯째	넷째

첫째

❹ 　3　　　5　　　6　　　8

첫째

❺ 　4　　　7　　　2　　　9

첫째

❻ 　6　　　8　　　5　　　4

첫째

○ 순서에 맞는 그림을 찾아 ◯표 하시오.

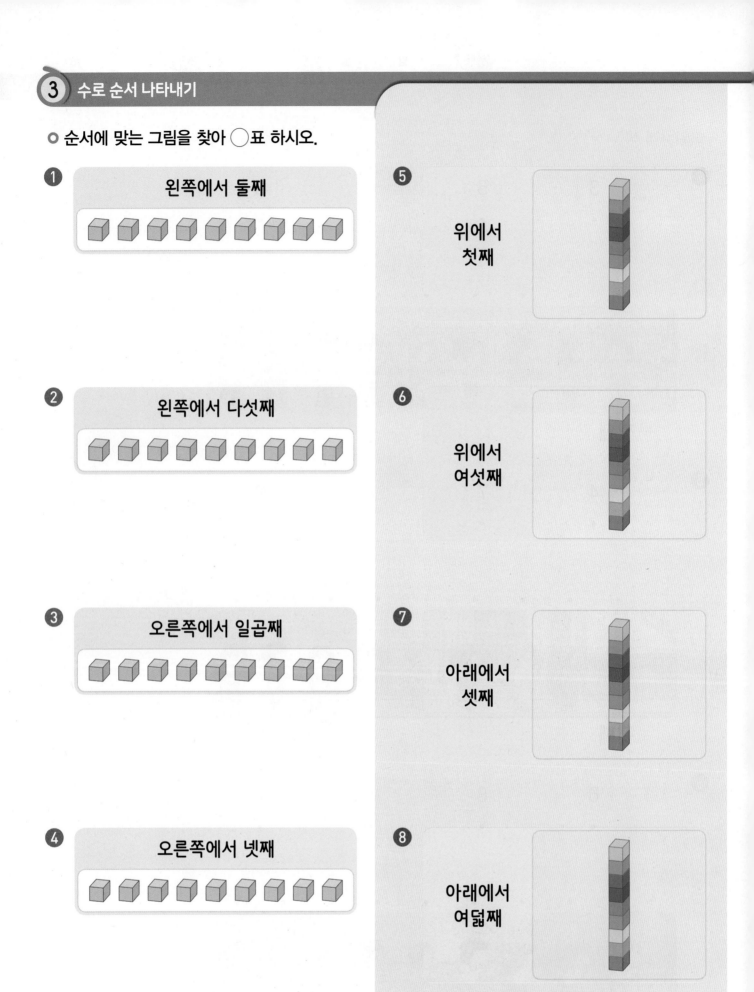

1 왼쪽에서 둘째

2 왼쪽에서 다섯째

3 오른쪽에서 일곱째

4 오른쪽에서 넷째

5 위에서 첫째

6 위에서 여섯째

7 아래에서 셋째

8 아래에서 여덟째

○ 알맞게 색칠해 보시오.

⑨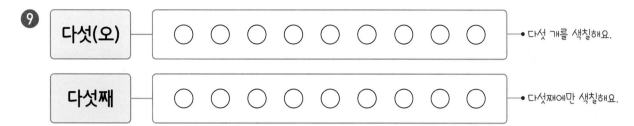

다섯(오) · 다섯 개를 색칠해요.

다섯째 · 다섯째에만 색칠해요.

⑩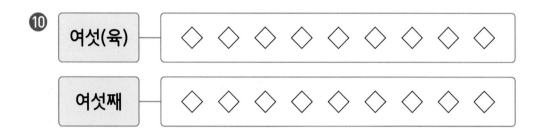

여섯(육)

여섯째

⑪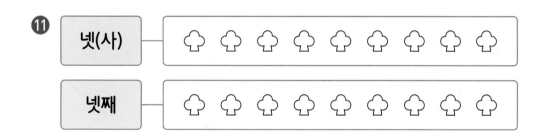

넷(사)

넷째

⑫

아홉(구)

아홉째

⑬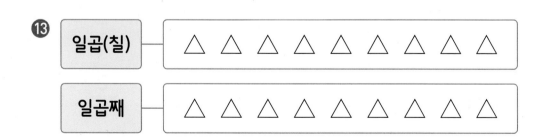

일곱(칠)

일곱째

4 9까지의 수의 순서

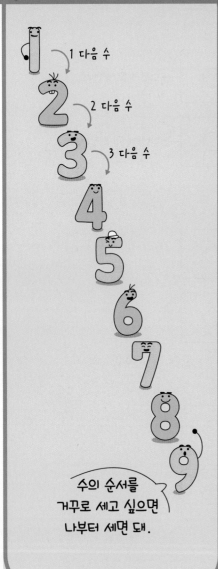

1 다음 수
2 다음 수
3 다음 수

수의 순서를
거꾸로 세고 싶으면
나부터 세면 돼.

● **9까지의 수의 순서**

1부터 9까지의 수를 순서대로
쓰면 다음과 같습니다.

```
    2   3
1           4
                5
  9   8   7   6
```

○ 순서에 알맞게 빈칸에 수를 써넣으시오.

❶

1 2 □ 4 □ 6 □ 8 □

❷

1 □ 3 4 □ □ 7 □ 9

❸

1 2 □ □ 5 6 □ 8 □

❹

1 □ 3 □ □ 6 7 □ 9

❺
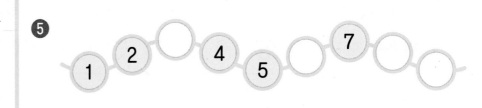
1 2 □ 4 5 □ 7 □

❻

1 □ 3 □ 5 □ □ 8 9

○ 수를 순서대로 이어 보시오.

7
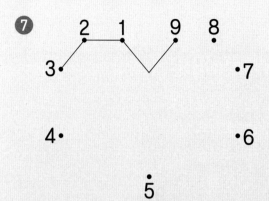

10
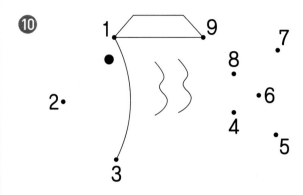

8
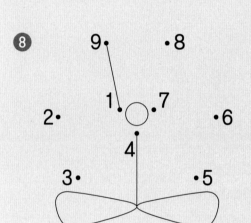

11
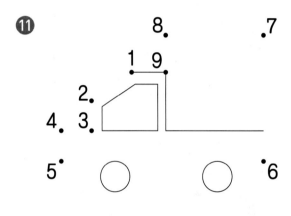

9
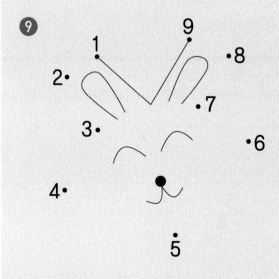

12
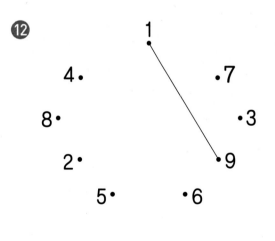

○ 순서에 알맞게 빈칸에 수를 써넣으시오.

❶ 1 — 2 — 3 — ☐ — ☐ — 6 — ☐ — 8 — ☐

❷ 1 — ☐ — 3 — 4 — ☐ — 6 — ☐ — ☐ — 9

❸ 1 — 2 — ☐ — ☐ — 5 — ☐ — 7 — 8 — ☐

❹ 1 — ☐ — ☐ — 4 — 5 — ☐ — 7 — ☐ — ☐

❺ 1 — 2 — ☐ — ☐ — ☐ — 6 — ☐ — ☐ — 9

❻ 1 — ☐ — 3 — ☐ — 5 — ☐ — ☐ — 8 — ☐

○ 순서를 거꾸로 하여 빈칸에 알맞은 수를 써넣으시오.

7 8 7 6 ◯ ◯

8 5 ◯ 3 ◯ 1

9 7 ◯ ◯ 4 3

10 6 ◯ 4 3 ◯

11 9 ◯ ◯ 6 5

12 8 ◯ 6 ◯ 4

13 6 5 ◯ ◯ 2

14 7 ◯ 5 4 ◯

15 9 ◯ 7 ◯ 5

16 5 ◯ ◯ 2 1

17 8 7 ◯ 5 ◯

18 7 6 ◯ ◯ 3

5 1만큼 더 큰 수, 1만큼 더 작은 수 / 0

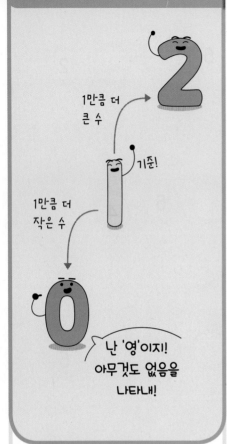

1만큼 더 큰 수

기준!

1만큼 더 작은 수

난 '영'이지!
아무것도 없음을
나타내!

• **1만큼 더 큰 수, 1만큼 더 작은 수**

• 1만큼 더 큰 수는 바로 뒤의 수입니다.

• 1만큼 더 작은 수는 바로 앞의 수입니다.

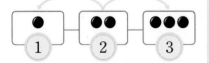

1만큼 더 작은 수   1만큼 더 큰 수

• **0**

0: 아무것도 없는 것

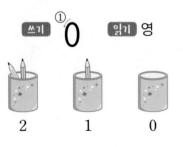

쓰기 ① 0   읽기 영

2   1   0

○ 그림을 보고 알맞은 수만큼 ◯를 그리고 ◯ 안에 알맞은 수를 써넣으시오.

❶

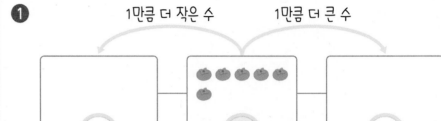

1만큼 더 작은 수   1만큼 더 큰 수

6

❷

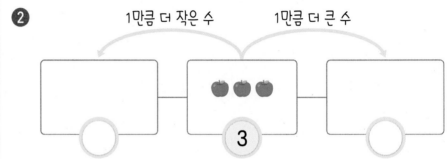

1만큼 더 작은 수   1만큼 더 큰 수

3

❸

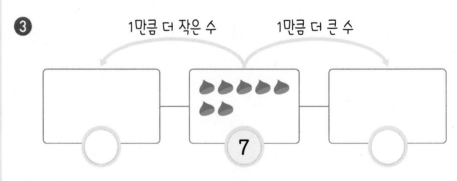

1만큼 더 작은 수   1만큼 더 큰 수

7

❹

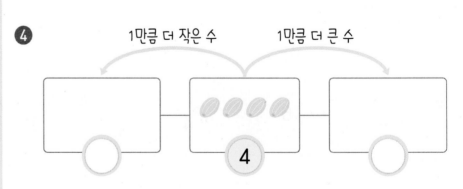

1만큼 더 작은 수   1만큼 더 큰 수

4

○ 빈칸에 알맞은 수를 써넣으시오.

5 1만큼 더 작은 수 ___ **3** 1만큼 더 큰 수 ___

9 1만큼 더 작은 수 ___ **6** 1만큼 더 큰 수 ___

6 1만큼 더 작은 수 ___ **8** 1만큼 더 큰 수 ___

10 1만큼 더 작은 수 ___ **5** 1만큼 더 큰 수 ___

7 1만큼 더 작은 수 ___ **2** 1만큼 더 큰 수 ___

11 1만큼 더 작은 수 ___ **4** 1만큼 더 큰 수 ___

8 1만큼 더 작은 수 ___ **7** 1만큼 더 큰 수 ___

12 1만큼 더 작은 수 ___ **1** 1만큼 더 큰 수 ___

○ 주어진 수보다 1만큼 더 큰 수를 나타내는 것에 ◯표 하시오.

❶

3

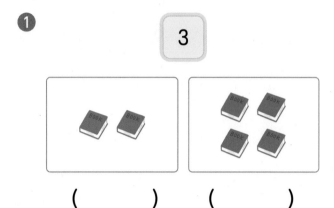

(   )   (   )

❷

5

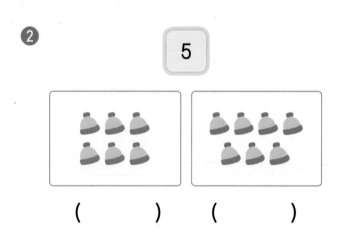

(   )   (   )

❸

7

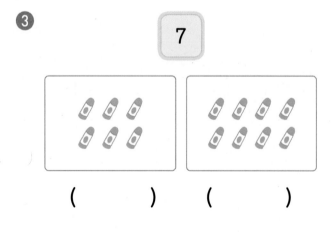

(   )   (   )

○ 주어진 수보다 1만큼 더 작은 수를 나타내는 것에 ◯표 하시오.

❹

4

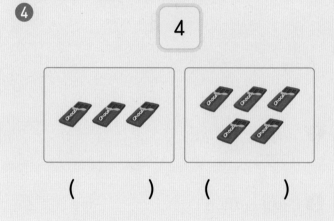

(   )   (   )

❺

1

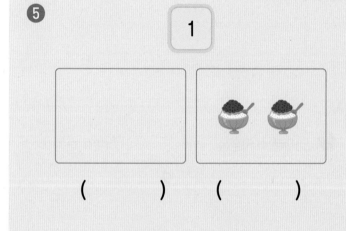

(   )   (   )

❻

8

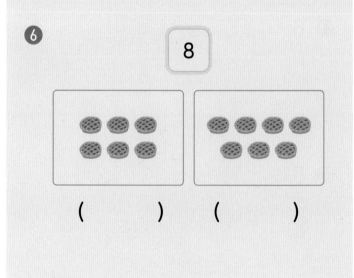

(   )   (   )

정답 · 5쪽

○ ☐ 안에 알맞은 수를 써넣으시오.

❼ 1보다 1만큼 더 큰 수는

☐ 입니다.

❽ 4보다 1만큼 더 큰 수는

☐ 입니다.

❾ 3보다 1만큼 더 큰 수는

☐ 입니다.

❿ 8보다 1만큼 더 큰 수는

☐ 입니다.

⓫ 6보다 1만큼 더 큰 수는

☐ 입니다.

⓬ 5보다 1만큼 더 큰 수는

☐ 입니다.

⓭ 3보다 1만큼 더 작은 수는

☐ 입니다.

⓮ 7보다 1만큼 더 작은 수는

☐ 입니다.

⓯ 9보다 1만큼 더 작은 수는

☐ 입니다.

⓰ 4보다 1만큼 더 작은 수는

☐ 입니다.

⓱ 8보다 1만큼 더 작은 수는

☐ 입니다.

⓲ 5보다 1만큼 더 작은 수는

☐ 입니다.

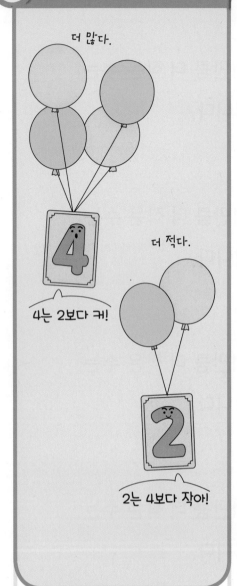

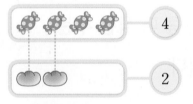

● 9까지의 수의 크기 비교

4

2

• 사탕은 빵보다 많습니다.
  ⇨ 4는 2보다 큽니다.
• 빵은 사탕보다 적습니다.
  ⇨ 2는 4보다 작습니다.

○ 그림을 보고 알맞은 말에 ◯표 하시오.

1

고양이는 다람쥐보다 (많습니다 , 적습니다).
2는 3보다 (큽니다 , 작습니다).

2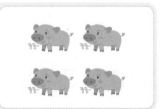

양은 돼지보다 (많습니다 , 적습니다).
5는 4보다 (큽니다 , 작습니다).

3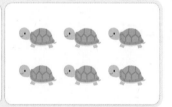

토끼는 거북보다 (많습니다 , 적습니다).
8은 6보다 (큽니다 , 작습니다).

4

나비는 잠자리보다 (많습니다 , 적습니다).
7은 9보다 (큽니다 , 작습니다).

정답 · 5쪽

○ 더 큰 수에 ◯표 하시오.

5

| 1 | 5 |

6

| 6 | 3 |

7

| 4 | 2 |

8

| 7 | 9 |

9

| 2 | 6 |

10

| 7 | 4 |

11

| 5 | 8 |

○ 더 작은 수에 △표 하시오.

12

| 5 | 7 |

13

| 2 | 8 |

14

| 5 | 3 |

15

| 3 | 1 |

16

| 4 | 6 |

17

| 1 | 7 |

18

| 9 | 5 |

○ 알맞은 수만큼 ◯를 그리고 알맞은 말에 ◯표 하시오.

1

3

4

3은 4보다 (큽니다 , 작습니다).
4는 3보다 (큽니다 , 작습니다).

2

5

1

5는 1보다 (큽니다 , 작습니다).
1은 5보다 (큽니다 , 작습니다).

3

4

9

4는 9보다 (큽니다 , 작습니다).
9는 4보다 (큽니다 , 작습니다).

4

7

2

7은 2보다 (큽니다 , 작습니다).
2는 7보다 (큽니다 , 작습니다).

5

8

6

8은 6보다 (큽니다 , 작습니다).
6은 8보다 (큽니다 , 작습니다).

○ 가장 큰 수에 ◯표, 가장 작은 수에 △표 하시오.

⑥   3   1   4

⑦   6   5   2

⑧   7   8   5

⑨   4   2   9

⑩   1   5   7

⑪   6   3   8

⑫   9   0   2

⑬   2   7   3

⑭   8   2   4

⑮   9   1   7

⑯   0   6   2

⑰   3   7   1

⑱   5   1   0

⑲   8   3   6

◎ 수를 세어 ◯표 하시오.

1

| 일 | 이 | 삼 | 사 | 오 |

2

| 여섯 | 일곱 | 여덟 | 아홉 |

◎ 수를 세어 ☐ 안에 알맞은 수를 써넣고, 그 수를 바르게 읽은 것에 ◯표 하시오.

3

☐ ⇨ (넷 , 다섯)

4

☐ ⇨ (육 , 칠)

◎ 순서에 맞는 그림을 찾아 ◯표 하시오.

5

왼쪽에서 아홉째

6

아래에서 둘째

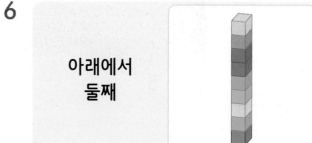

◎ 알맞게 색칠해 보시오.

7

셋(삼) ◯◯◯◯◯◯◯◯

셋째 ◯◯◯◯◯◯◯◯

8

여덟(팔) ◇◇◇◇◇◇◇◇

여덟째 ◇◇◇◇◇◇◇◇

정답 · 6쪽

○ 순서에 알맞게 빈칸에 수를 써넣으시오.

9
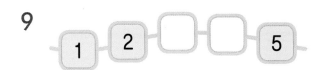

10
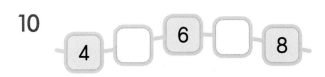

11

○ 순서를 거꾸로 하여 빈칸에 알맞은 수를 써넣으시오.

12

13

14
7 ○ 5 ○ 3

○ 빈칸에 알맞은 수를 써넣으시오.

15

16
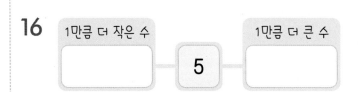

17
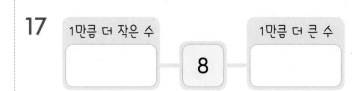

○ 더 작은 수에 △표 하시오.

18
| 9 | 3 |

19
| 2 | 7 |

20
| 0 | 4 |

🔗 1단원의 연산 실력을 보충하고 싶다면 클리닉 북 1~6쪽을 풀어 보세요.

2 여러 가지 모양

학습 내용	학습 회차	걸린 시간
1 여러 가지 모양 찾기	1일 차	/4분
2 여러 가지 모양 알아보기	2일 차	/4분
3 여러 가지 모양 만들기	3일 차	/4분
평가 2. 여러 가지 모양	4일 차	/11분

기초력 상승!

헛 둘! 헛 둘!

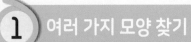
모양

모양

모양

● 생활 주변에서 여러 가지 모양 찾기

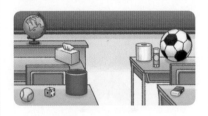

● , 모양 찾기

○ 모양에 ◯표 하시오.

1
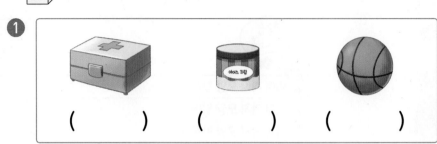
(   ) (   ) (   )

2
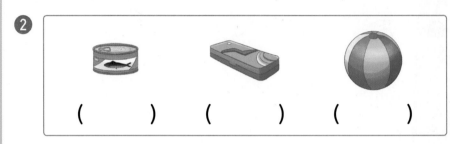
(   ) (   ) (   )

3
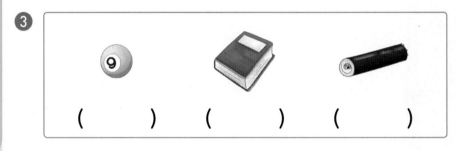
(   ) (   ) (   )

4
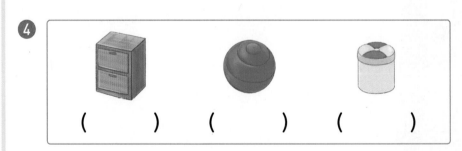
(   ) (   ) (   )

5
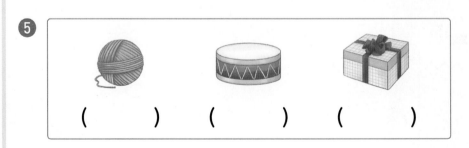
(   ) (   ) (   )

◦ 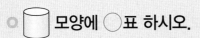 모양에 ◯표 하시오.

6
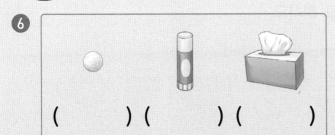

(　　　) (　　　) (　　　)

7

(　　　) (　　　) (　　　)

8

(　　　) (　　　) (　　　)

9
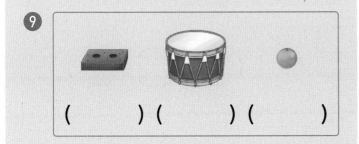

(　　　) (　　　) (　　　)

10
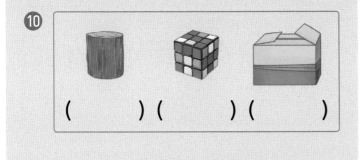

(　　　) (　　　) (　　　)

◦ 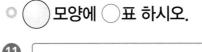 모양에 ◯표 하시오.

11
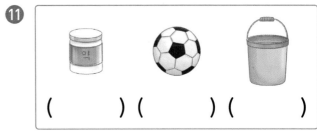

(　　　) (　　　) (　　　)

12

(　　　) (　　　) (　　　)

13
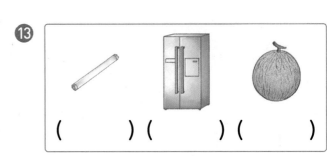

(　　　) (　　　) (　　　)

14
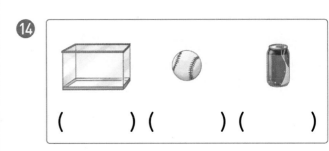

(　　　) (　　　) (　　　)

15
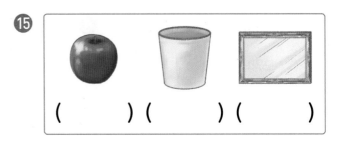

(　　　) (　　　) (　　　)

안 굴러가!

서 있으면
굴러갈 수 없어.

둥근 부분으로 누우니까
잘 굴러가.

어느 방향으로도
잘 굴러가지!

● ⬡ 모양의 특징
• 뾰족한 부분이 있습니다.
• 평평한 부분이 있어 잘 쌓을 수 있고 잘 굴러가지 않습니다.

● ⬡ 모양의 특징
• 평평한 부분과 둥근 부분이 있습니다.
• 눕히면 잘 굴러가고 세우면 쌓을 수 있습니다.

● ◯ 모양의 특징
• 전체가 둥글고 뾰족한 부분이 없습니다.
• 여러 방향으로 잘 굴러가고 쌓을 수 없습니다.

○ 상자에 일부분만 보이는 모양을 보고 어떤 모양인지 알맞은 모양을 찾아 ◯표 하시오.

1 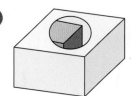 ⇨

2 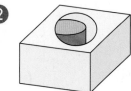 ⇨

3 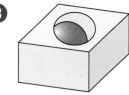 ⇨

4 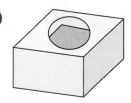 ⇨

5 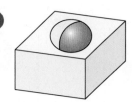 ⇨

정답 · 7쪽

○ 설명하는 모양을 찾아 ◯표 하시오.

6 평평한 부분이 없습니다.

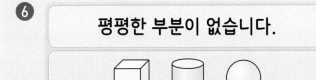

10 모든 부분이 평평합니다.

7 눕히면 쌓을 수 없고
세우면 잘 쌓을 수 있습니다.

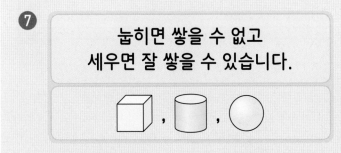

11 세워서 굴리면 안 굴러가고
눕혀서 굴렸을 때 잘 굴러갑니다.

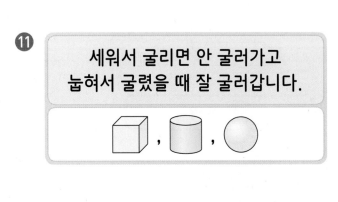

8 둥근 부분과
평평한 부분이 있습니다.

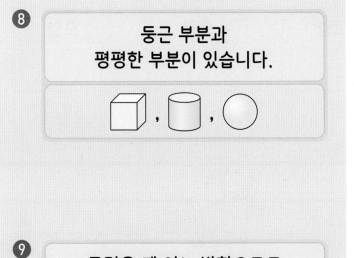

12 평평한 부분만 있어서
쌓기 쉽습니다.

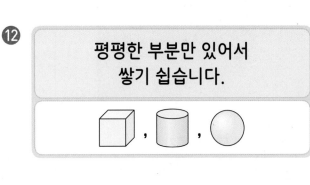

9 굴렸을 때 어느 방향으로도
잘 굴러가지 않습니다.

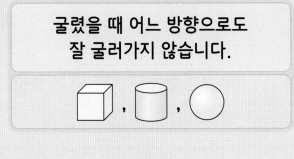

13 모든 부분이 둥글어서
굴렸을 때 잘 굴러갑니다.

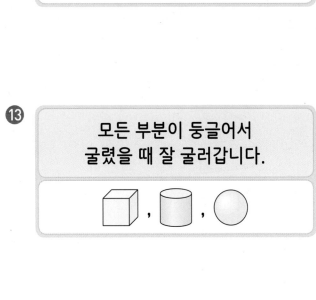

나를 만드는 데
어떤 모양을 이용했을까?

😊 모양

 → 1개

😊 모양

 → 1개

😮 모양

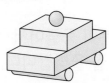 → 2개

● 여러 가지 모양 만들기

⬜,⬛,⚪ 모양을 이용하여 여러 가지 모양을 만들 수 있습니다.

예 자동차 모양을 만드는 데 이용한 모양

⬜ 모양	⬛ 모양	⚪ 모양
2개	2개	1개

○ ⬜, ⬛, ⚪ 모양을 각각 몇 개 이용하여 만든 모양인지 세어 보시오.

1

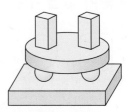

⬜ 모양	⬛ 모양	⚪ 모양

2

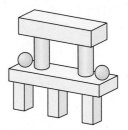

⬜ 모양	⬛ 모양	⚪ 모양

3

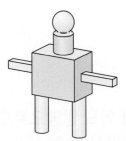

⬜ 모양	⬛ 모양	⚪ 모양

2. 여러 가지 모양 • 41

❹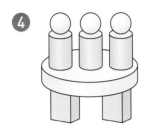

⬜ 모양	⬛ 모양	⚪ 모양

❺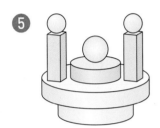

⬜ 모양	⬛ 모양	⚪ 모양

❻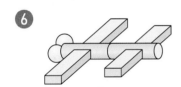

⬜ 모양	⬛ 모양	⚪ 모양

❼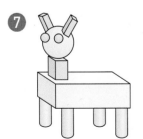

⬜ 모양	⬛ 모양	⚪ 모양

○  모양에 ◯표 하시오.

1
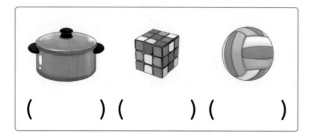
(   ) (   ) (   )

2

(   ) (   ) (   )

○ 모양에 ◯표 하시오.

3
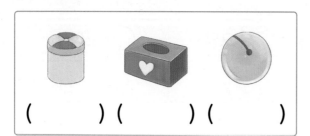
(   ) (   ) (   )

4
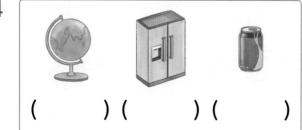
(   ) (   ) (   )

○ ◯ 모양에 ◯표 하시오.

5

(   ) (   ) (   )

6

(   ) (   ) (   )

○ 상자에 일부분만 보이는 모양을 보고 어떤 모양인지 알맞은 모양을 찾아 ◯표 하시오.

7
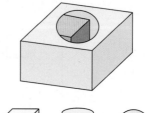
(▢ , ▯ , ◯)

8
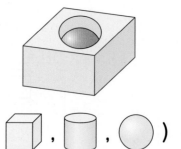
(▢ , ▯ , ◯)

○ 설명하는 모양을 찾아 ○표 하시오.

9

쌓을 수 없습니다.

10

뾰족한 부분이 있습니다.

11

굴렸을 때 어느 방향으로도
잘 굴러갑니다.

12

세우면 정리가 잘 되지만 눕히면
굴러가서 정리가 힘듭니다.

○ ⬜, ⬛, ⚪ 모양을 각각 몇 개 이용하여
만든 모양인지 세어 보시오.

13

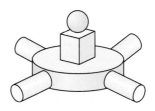

⬜ 모양	⬛ 모양	⚪ 모양

14

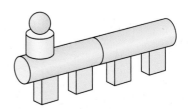

⬜ 모양	⬛ 모양	⚪ 모양

15

⬜ 모양	⬛ 모양	⚪ 모양

2단원의 연산 실력을 보충하고 싶다면 **클리닉 북 7~9쪽**을 풀어 보세요.

덧셈과 뺄셈

학습 내용	학습 회차	걸린 시간
1 그림을 이용하여 9까지의 수 모으기	1일 차	/4분
	2일 차	/5분
2 9까지의 수 모으기	3일 차	/7분
	4일 차	/10분
3 그림을 이용하여 9까지의 수 가르기	5일 차	/4분
	6일 차	/5분
4 9까지의 수 가르기	7일 차	/7분
	8일 차	/10분
1 ~ 4 다르게 풀기	9일 차	/8분
5 덧셈식을 쓰고 읽기	10일 차	/5분
6 그림 그리기를 이용하여 덧셈하기	11일 차	/8분
	12일 차	/10분
7 모으기를 이용하여 덧셈하기	13일 차	/8분
	14일 차	/10분
8 뺄셈식을 쓰고 읽기	15일 차	/5분
9 그림 그리기를 이용하여 뺄셈하기	16일 차	/8분
	17일 차	/10분
10 가르기를 이용하여 뺄셈하기	18일 차	/8분
	19일 차	/10분
11 0을 더하거나 빼기	20일 차	/8분
	21일 차	/10분
5 ~ 11 다르게 풀기	22일 차	/9분
비법 강의 초등에서 푸는 방정식 계산 비법	23일 차	/8분
평가 3. 덧셈과 뺄셈	24일 차	/12분

계산력 상승!

헛 둘! 헛 둘!

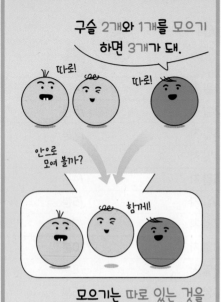

구슬 2개와 1개를 모으기 하면 3개가 돼.

따로! 따로!

안으로 모여 볼까?

함께!

모으기는 따로 있는 것을 함께 두는 거야!

• 두 수를 모아 3 만들기

밤 2개와 1개를 모으기 하면 3개가 됩니다.

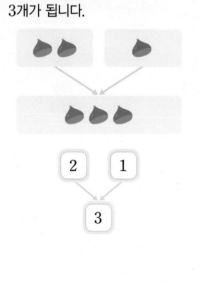

○ 모으기를 해 보시오.

❶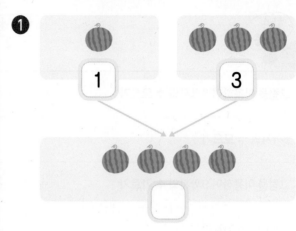

❷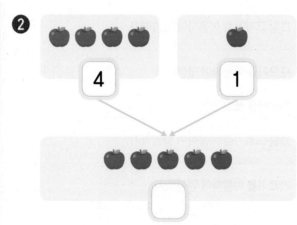

❸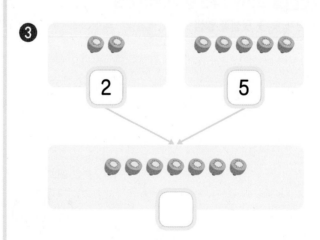

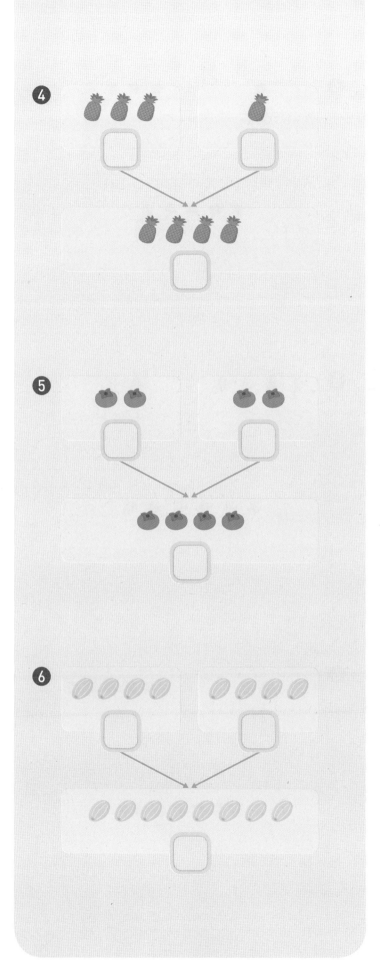

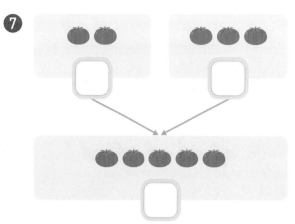

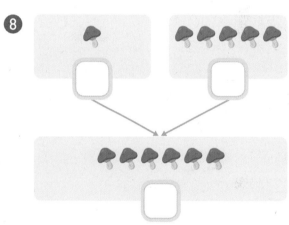

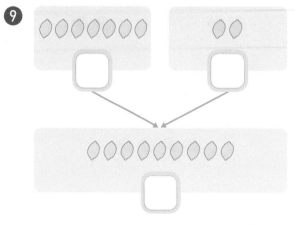

○ 모으기를 해 보시오.

1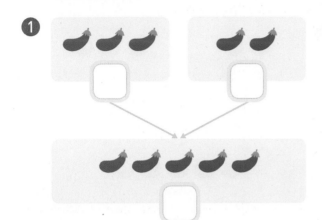

2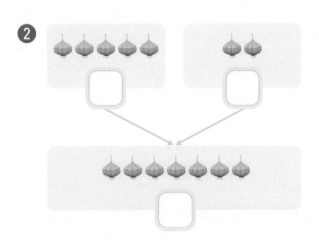

3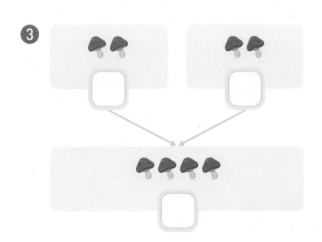

4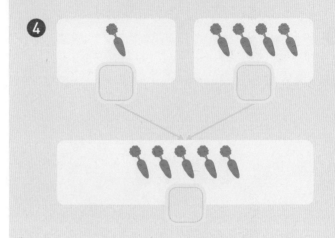

5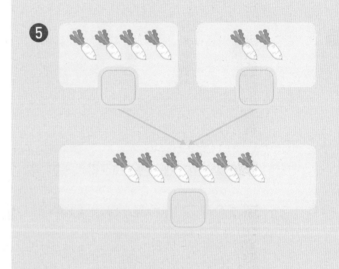

6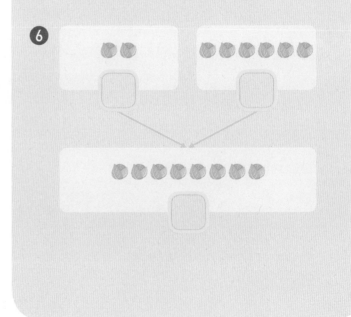

정답 · 8쪽

○ 그림을 보고 알맞은 수만큼 ◯를 그리고 모으기를 해 보시오.

7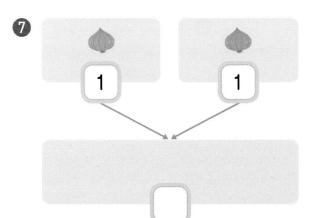

8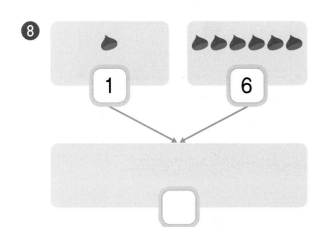

9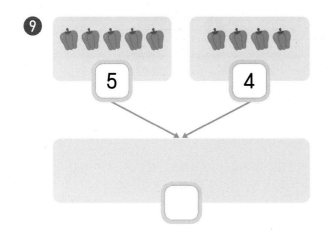

10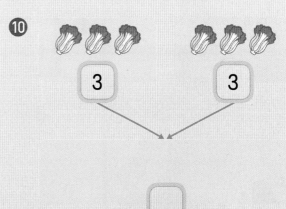

11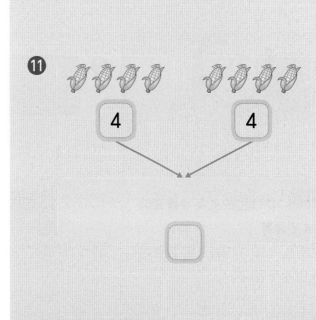

12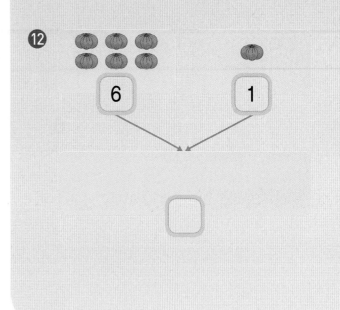

두 수를 모아 4를 만드는 방법은 여러 가지가 있어!

1과 3을 모으면?

2와 2를 모으면?

바로!

3과 1을 모으면?

● **여러 가지 방법으로 두 수를 모아 4 만들기**

1과 3, 2와 2, 3과 1을 모으기 하면 4가 됩니다.

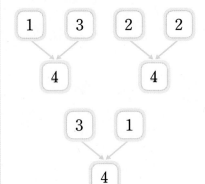

○ **모으기를 해 보시오.**

1

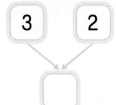

3   2

2

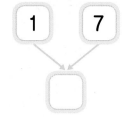

1   7

3

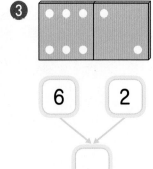

6   2

4

5   1

5

4   3

6

2   7

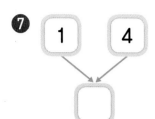

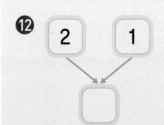

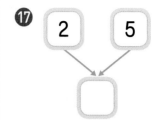

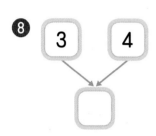

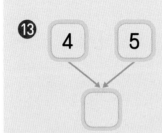

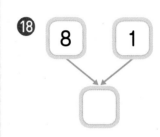

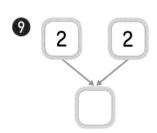

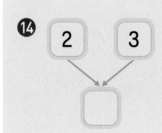

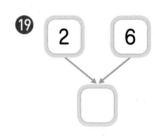

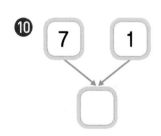

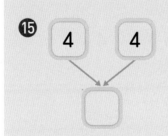

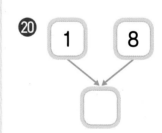

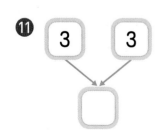

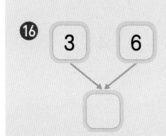

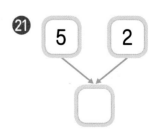

○ 모으기를 해 보시오.

1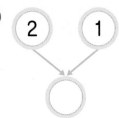

2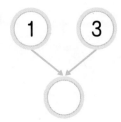

3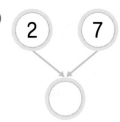

4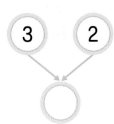

5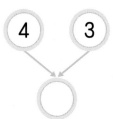

6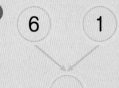

7

8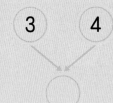

9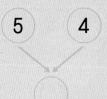

10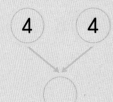

11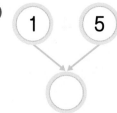

12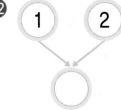

13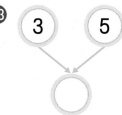

14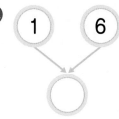

15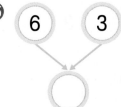

⑯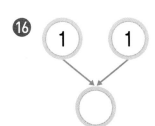

⑰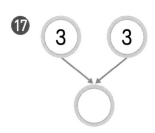

⑱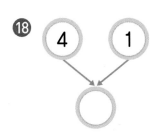

⑲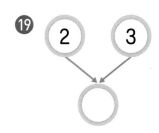

⑳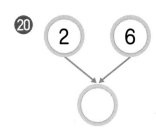

㉑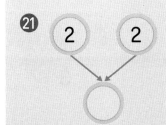

㉒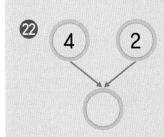

㉓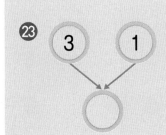

㉔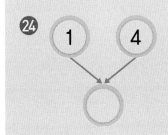

㉕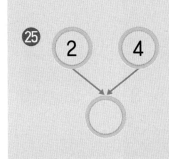

㉖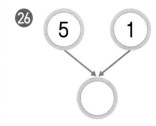

㉗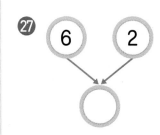

㉘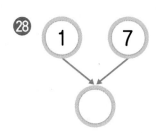

㉙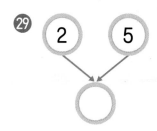

㉚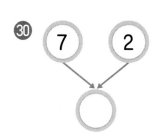

3 그림을 이용하여 9까지의 수 가르기

가르기는 함께 있는 것을 따로 두는 거야!

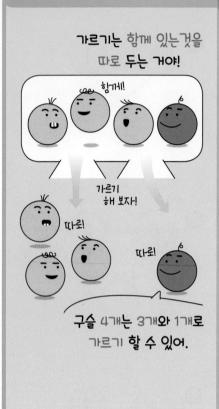

구슬 4개는 3개와 1개로 가르기 할 수 있어.

• **4를 두 수로 가르기**

무당벌레 4마리는 3마리와 1마리로 가르기 할 수 있습니다.

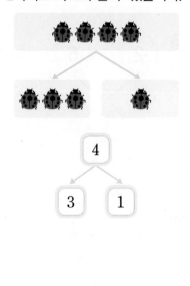

○ 가르기를 해 보시오.

❶
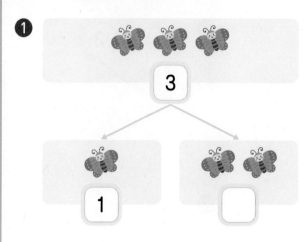

❷
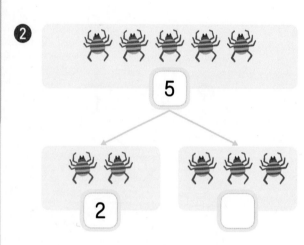

❸
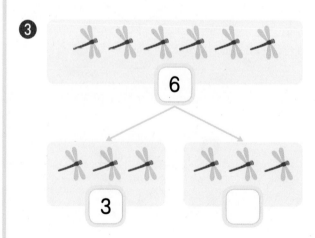

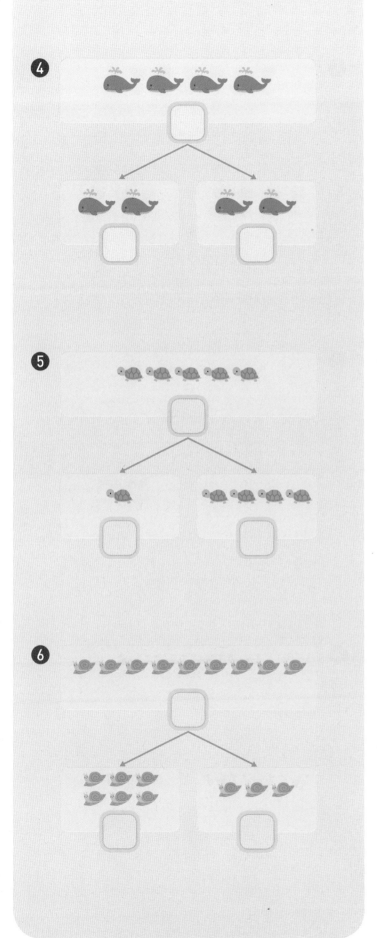

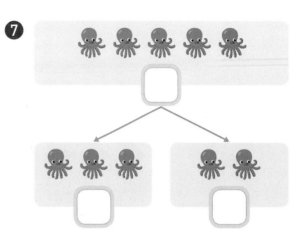

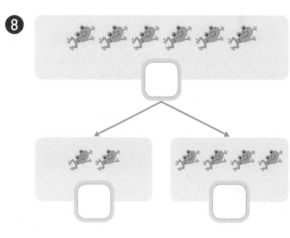

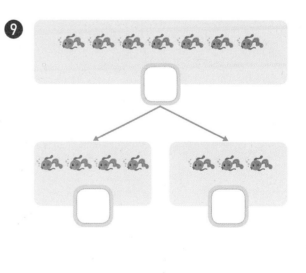

○ 가르기를 해 보시오.

①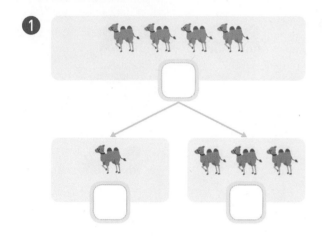

②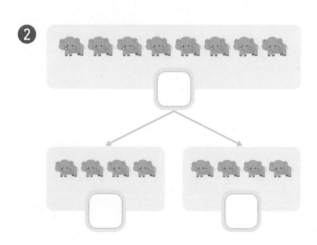

③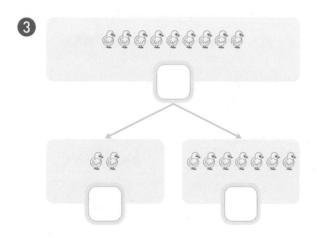

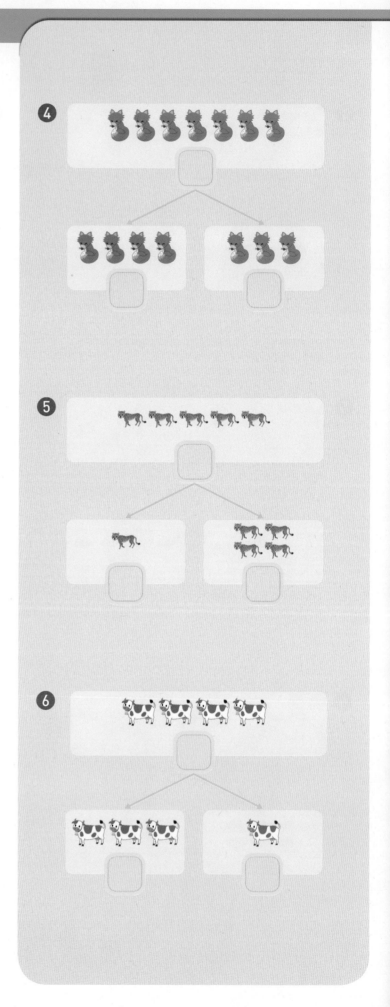

○ 그림을 보고 알맞은 수만큼 ◯를 그리고 가르기를 해 보시오.

7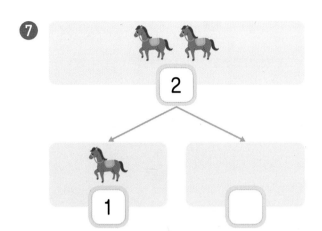

8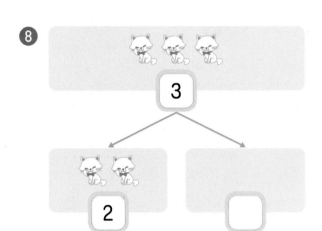

9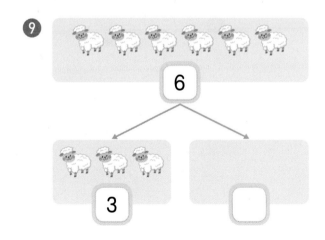

10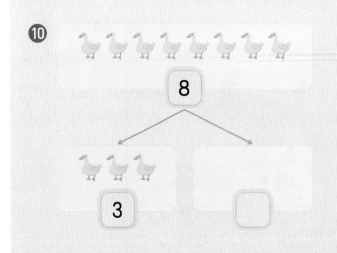

11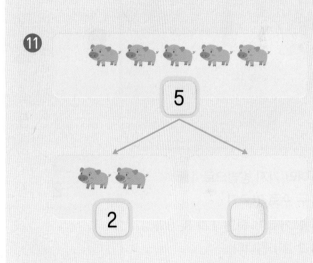

12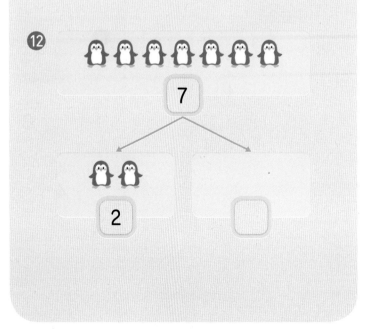

4 9까지의 수 가르기

4를 여러 가지 방법으로 가르기 할 수 있어!

4가 1과 3으로!

안녕~ 4

4가 2와 2로!

3 1

4가 3과 1로!

• 여러 가지 방법으로 4를 두 수로 가르기

4를 가르기 하면 1과 3, 2와 2, 3과 1이 됩니다.

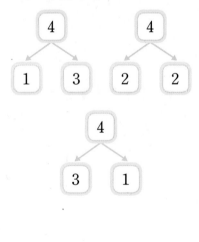

○ 가르기를 해 보시오.

1

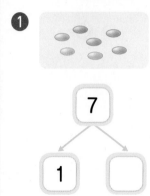

7

1 ☐

2

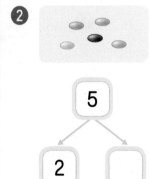

5

2 ☐

3

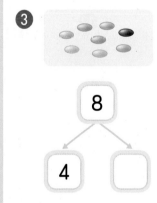

8

4 ☐

4

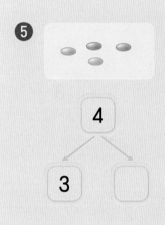

6

2 ☐

5

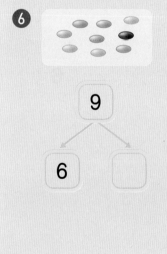

4

3 ☐

6

9

6 ☐

❼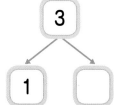
```
    3
   / \
  1   □
```

❽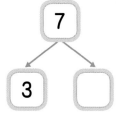
```
    7
   / \
  3   □
```

❾
```
    4
   / \
  1   □
```

❿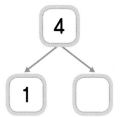
```
    7
   / \
  2   □
```

⓫
```
    9
   / \
  7   □
```

⓬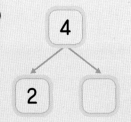
```
    4
   / \
  2   □
```

⓭
```
    6
   / \
  5   □
```

⓮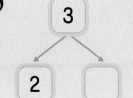
```
    5
   / \
  3   □
```

⓯
```
    3
   / \
  2   □
```

⓰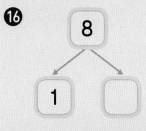
```
    8
   / \
  1   □
```

⓱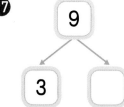
```
    9
   / \
  3   □
```

⓲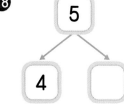
```
    5
   / \
  4   □
```

⓳
```
    9
   / \
  5   □
```

⓴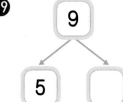
```
    8
   / \
  3   □
```

㉑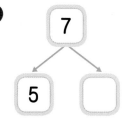
```
    7
   / \
  5   □
```

○ 가르기를 해 보시오.

1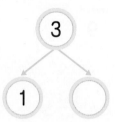

2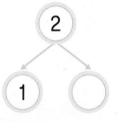

3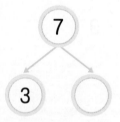

4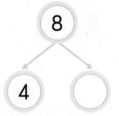

5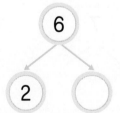

6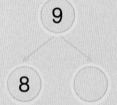

7

8

9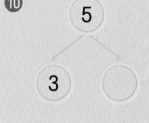

10

11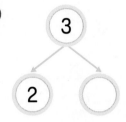

12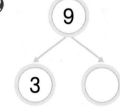

13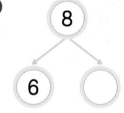

14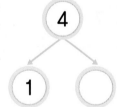

15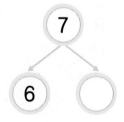

⑯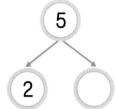

⑰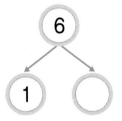

⑱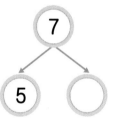

⑲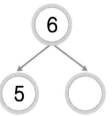

⑳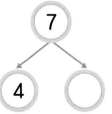

㉑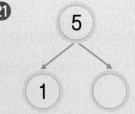

㉒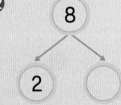

㉓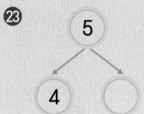

㉔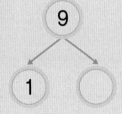

㉕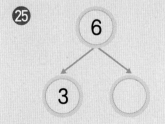

㉖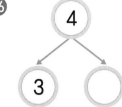

㉗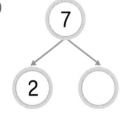

㉘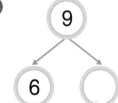

㉙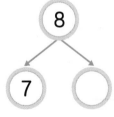

㉚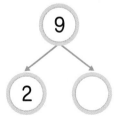

○ 빈칸에 알맞은 수를 써넣으시오.

❶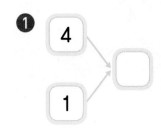

❷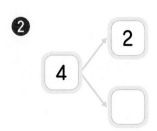

❸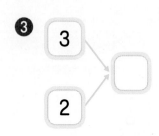

❹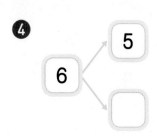

❺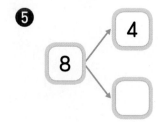

❻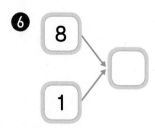

❼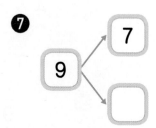

❽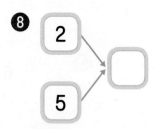

❾
2
3

❿
8
5

⓫
3
1

⓬
4
5

⓭
7
6

⓮
7
2

문장제 속 연산

⓯ 구슬 6개를 두 접시에 나누어 담으려고 합니다. 흰색 접시에 1개 담으면 노란색 접시에 담아야 하는 구슬은 몇 개인지 구해 보시오.

전체 구슬의 수 ┐

흰색 접시에 담을 구슬의 수

노란색 접시에 담을 구슬의 수 ⟹ ☐ 개

더하기 또는
합이라고 읽어.

같다를 나타내!

● 덧셈식을 쓰고 읽기

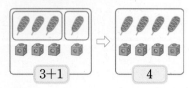

쓰기 3+1=4
읽기 • 3 더하기 1은 4와 같습니다.
• 3과 1의 합은 4입니다.

○ 그림에 알맞은 덧셈식을 쓰고 읽어 보시오.

①

쓰기 1+2=☐

읽기 • 1 더하기 2는 ☐ 과 같습니다.

• 1과 2의 합은 ☐ 입니다.

②

쓰기 2+3=☐

읽기 • 2 더하기 3은 ☐ 와 같습니다.

• 2와 3의 합은 ☐ 입니다.

③
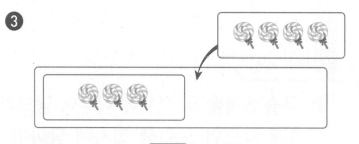

쓰기 3+4=☐

읽기 • 3 더하기 4는 ☐ 과 같습니다.

• 3과 4의 합은 ☐ 입니다.

④

$2+2=$ □

2 더하기 □ 는 □ 와 같습니다.

⑤

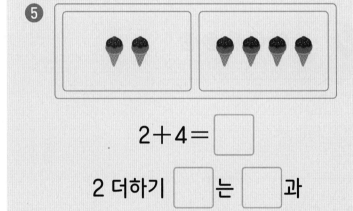

$2+4=$ □

2 더하기 □ 는 □ 과 같습니다.

⑥

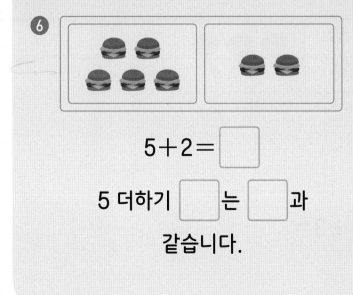

$5+2=$ □

5 더하기 □ 는 □ 과 같습니다.

⑦

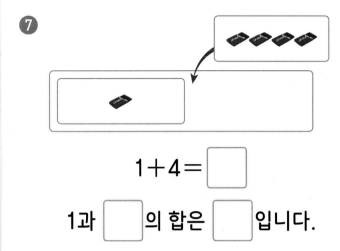

$1+4=$ □

1과 □ 의 합은 □ 입니다.

⑧

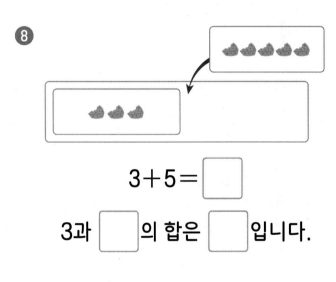

$3+5=$ □

3과 □ 의 합은 □ 입니다.

⑨

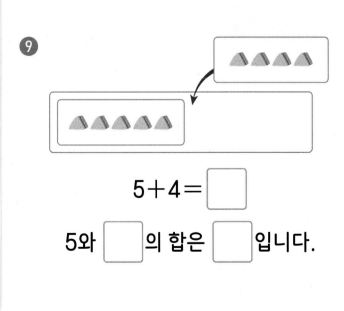

$5+4=$ □

5와 □ 의 합은 □ 입니다.

6 그림 그리기를 이용하여 덧셈하기

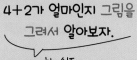

참, 쉽죠.

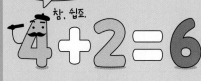

1	2	3	4	5
●	●	●	●	●

6				
●				

● 그림 그리기를 이용하여 덧셈하기

분홍 코스모스의 수만큼 ○ 4개를 그리고 이어서 주황 코스모스의 수만큼 ○ 2개를 그리면 6개이므로 코스모스는 모두 6송이입니다.

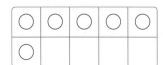

$4+2=6$

그림을 보고 ○를 그려 덧셈을 해 보시오.

1

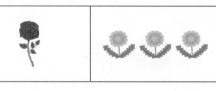

$1+3=$ ☐

2

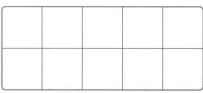

$2+5=$ ☐

3

$6+3=$ ☐

정답 • 10쪽

○ 덧셈을 해 보시오.

❹ 2+4=

❺ 7+2=

❻ 1+6=

❼ 2+3=

❽ 3+2=

❾ 1+7=

❿ 4+3=

⓫ 1+2=

⓬ 2+2=

⓭ 3+6=

⓮ 4+4=

⓯ 6+2=

⓰ 2+7=

⓱ 1+5=

⓲ 5+2=

⓳ 4+2=

⓴ 1+1=

㉑ 8+1=

㉒ 3+5=

㉓ 3+1=

㉔ 5+4=

○ 식에 알맞게 ◯를 그려 덧셈을 해 보시오.

❶ $1+2=\boxed{}$

❷ $2+3=\boxed{}$

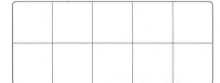

❸ $2+4=\boxed{}$

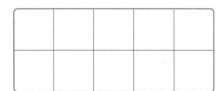

❹ $4+3=\boxed{}$

❺ $3+6=\boxed{}$

❻ $1+5=\boxed{}$

❼ $6+1=\boxed{}$

❽ $5+3=\boxed{}$

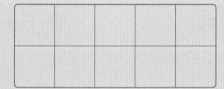

○ 덧셈을 해 보시오.

9 2+1=

10 5+2=

11 2+2=

12 3+5=

13 7+1=

14 3+2=

15 2+7=

16 4+1=

17 6+2=

18 5+1=

19 8+1=

20 2+5=

21 1+4=

22 3+1=

23 1+6=

24 4+5=

25 2+6=

26 3+4=

27 1+8=

28 3+3=

29 6+3=

7 모으기를 이용하여 덧셈하기

2+4가 얼마인지 모으기를 이용하여 알아보자.

2와 4를 모으면 6

모으기는 덧셈으로!

2+4=6

● 모으기를 이용하여 덧셈하기

2와 4를 모으기 하면 6이 되므로 비행기 2대와 4대를 합하면 모두 6대입니다.

2+4=6

○ 그림을 보고 덧셈을 해 보시오.

❶
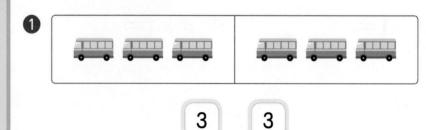

3   3

□

3+□=□

❷

1   6

□

1+□=□

❸
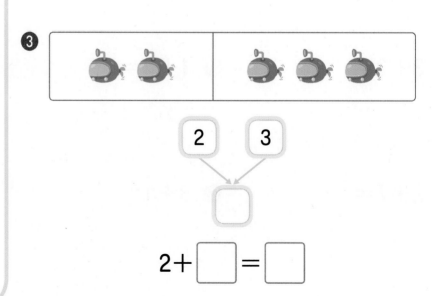

2   3

□

2+□=□

○ 덧셈을 해 보시오.

❹ 1+4=

❺ 3+4=

❻ 4+5=

❼ 2+1=

❽ 2+6=

❾ 5+1=

❿ 3+5=

⓫ 4+1=

⓬ 1+8=

⓭ 4+2=

⓮ 3+1=

⓯ 2+5=

⓰ 8+1=

⓱ 7+1=

⓲ 6+1=

⓳ 6+3=

⓴ 5+3=

㉑ 7+2=

㉒ 1+5=

㉓ 6+2=

㉔ 2+7=

○ 모으기를 이용하여 덧셈을 해 보시오.

①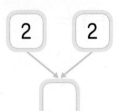

$2 + \boxed{} = \boxed{}$

②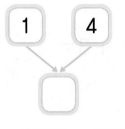

$1 + \boxed{} = \boxed{}$

③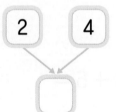

$2 + \boxed{} = \boxed{}$

④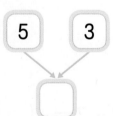

$5 + \boxed{} = \boxed{}$

⑤

$4 + \boxed{} = \boxed{}$

⑥

$5 + \boxed{} = \boxed{}$

⑦

$7 + \boxed{} = \boxed{}$

⑧

$3 + \boxed{} = \boxed{}$

o 덧셈을 해 보시오.

⑨ 1+1=

⑩ 5+2=

⑪ 2+3=

⑫ 4+1=

⑬ 2+1=

⑭ 3+2=

⑮ 4+4=

⑯ 5+4=

⑰ 1+2=

⑱ 4+2=

⑲ 1+3=

⑳ 1+5=

㉑ 3+3=

㉒ 6+2=

㉓ 6+3=

㉔ 1+7=

㉕ 3+5=

㉖ 6+1=

㉗ 7+1=

㉘ 2+7=

㉙ 8+1=

빼기 또는
차라고 읽어.

같다를 나타내!

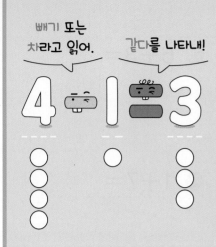

● 뺄셈식을 쓰고 읽기

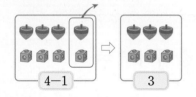

4−1

3

쓰기 4−1=3

읽기 • 4 빼기 1은 3과 같습니다.
• 4와 1의 차는 3입니다.

○ 그림에 알맞은 뺄셈식을 쓰고 읽어 보시오.

1

쓰기 3−1= ☐

읽기 • 3 빼기 1은 ☐ 와 같습니다.

• 3과 1의 차는 ☐ 입니다.

2

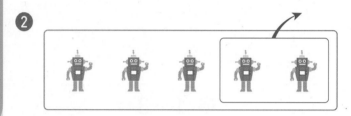

쓰기 5−2= ☐

읽기 • 5 빼기 2는 ☐ 과 같습니다.

• 5와 2의 차는 ☐ 입니다.

3

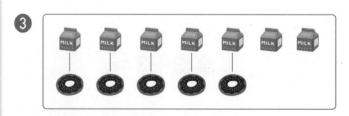

쓰기 7−5= ☐

읽기 • 7 빼기 5는 ☐ 와 같습니다.

• 7과 5의 차는 ☐ 입니다.

❹

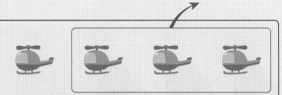

$4-3=$ ☐

4 빼기 ☐ 은 ☐ 과 같습니다.

❺

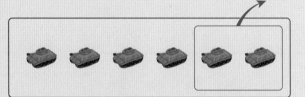

$6-2=$ ☐

6 빼기 ☐ 는 ☐ 와 같습니다.

❻

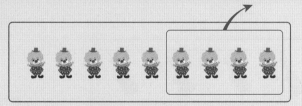

$9-4=$ ☐

9 빼기 ☐ 는 ☐ 와 같습니다.

❼

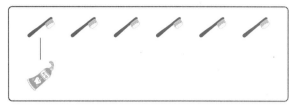

$6-1=$ ☐

6과 ☐ 의 차는 ☐ 입니다.

❽

$7-6=$ ☐

7과 ☐ 의 차는 ☐ 입니다.

❾

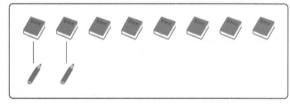

$8-2=$ ☐

8과 ☐ 의 차는 ☐ 입니다.

그림 그리기를 이용하여 뺄셈하기

5-3이 얼마인지 그림을 그려서 알아보자.

이번엔 지우기야!

$$5 - 3 = 2$$

● 그림 그리기를 이용하여 뺄셈하기

리코더의 수만큼 ○ 5개를 그리고 덜어낸 리코더의 수만큼 / 으로 3개를 지우면 2개가 남으므로 남은 리코더는 2개입니다.

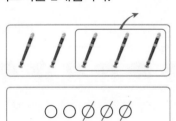

$5 - 3 = 2$

○ 그림에 알맞게 / 으로 지우거나 하나씩 연결하여 뺄셈을 해 보시오.

❶

$4 - 2 = \boxed{}$

❷

$7 - 3 = \boxed{}$

❸

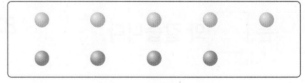

$5 - 4 = \boxed{}$

정답 • 11쪽

○ 뺄셈을 해 보시오.

❹ 4−3=

❺ 8−1=

❻ 7−6=

❼ 9−8=

❽ 5−1=

❾ 6−5=

❿ 3−2=

⓫ 7−1=

⓬ 8−3=

⓭ 7−4=

⓮ 9−6=

⓯ 8−6=

⓰ 9−1=

⓱ 7−2=

⓲ 6−2=

⓳ 9−5=

⓴ 5−3=

㉑ 9−2=

㉒ 6−3=

㉓ 9−4=

㉔ 8−2=

○ 식에 알맞게 /으로 지우거나 하나씩 연결하여 뺄셈을 해 보시오.

❶ $3-2=\boxed{}$

❷ $7-4=\boxed{}$

❸ $5-4=\boxed{}$

❹ $9-6=\boxed{}$

❺ $4-1=\boxed{}$

❻ $8-7=\boxed{}$

❼ $6-2=\boxed{}$

❽ $9-5=\boxed{}$

○ 뺄셈을 해 보시오.

9 $2-1=$

10 $5-2=$

11 $6-4=$

12 $7-3=$

13 $6-1=$

14 $6-3=$

15 $8-5=$

16 $9-3=$

17 $8-1=$

18 $7-2=$

19 $9-7=$

20 $8-4=$

21 $6-5=$

22 $9-2=$

23 $5-1=$

24 $9-6=$

25 $3-1=$

26 $5-3=$

27 $7-5=$

28 $4-2=$

29 $8-6=$

6-4가 얼마인지 가르기를
이용하여 알아보자.

6을 가르면 4와 2

가르기는 빨셈으로!

● 가르기를 이용하여 빨셈하기

6은 4와 2로 가르기 할 수 있으므로 자전거 6대 중에서 4대를 빼면 2대가 남습니다.

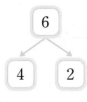

6-4=2

○ 그림을 보고 빨셈을 해 보시오.

1

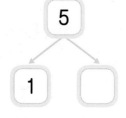

5-1=

2

6-3=

3

8-2=

○ 뺄셈을 해 보시오.

❹ 2−1=

❺ 4−2=

❻ 3−1=

❼ 7−5=

❽ 9−7=

❾ 8−4=

❿ 9−3=

⓫ 8−5=

⓬ 5−4=

⓭ 8−7=

⓮ 7−3=

⓯ 9−1=

⓰ 5−2=

⓱ 8−3=

⓲ 9−4=

⓳ 6−4=

⓴ 6−1=

㉑ 9−5=

㉒ 7−4=

㉓ 4−1=

㉔ 7−2=

○ 가르기를 이용하여 뺄셈을 해 보시오.

1
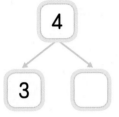

$4-3=\boxed{}$

2
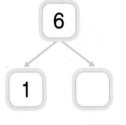

$6-1=\boxed{}$

3
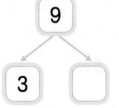

$9-3=\boxed{}$

4
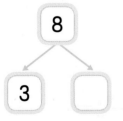

$8-3=\boxed{}$

5
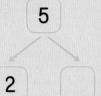

$5-2=\boxed{}$

6

$7-4=\boxed{}$

7

$8-2=\boxed{}$

8

$6-2=\boxed{}$

○ **뺄셈을 해 보시오.**

❾ 4−1=

❿ 3−2=

⓫ 9−7=

⓬ 8−6=

⓭ 7−2=

⓮ 6−5=

⓯ 3−1=

⓰ 8−2=

⓱ 7−3=

⓲ 6−4=

⓳ 9−6=

⓴ 8−1=

㉑ 9−8=

㉒ 6−3=

㉓ 4−2=

㉔ 7−6=

㉕ 5−1=

㉖ 9−2=

㉗ 5−3=

㉘ 9−4=

㉙ 7−1=

0은 아무것도 없는 것!

3+0=3

안 보이지?

0+3=3

3−0=3

0은 아무것도 없는 거니까
더하거나 빼도 그대로야!

3−3=0

모두 빼면 아무것도
없으니까 0!

- **(어떤 수)+0**

어떤 수에 0을 더하면 항상 어떤 수가 됩니다.

예 3+0=3

- **0+(어떤 수)**

0에 어떤 수를 더하면 항상 어떤 수가 됩니다.

예 0+3=3

- **(어떤 수)−0**

어떤 수에서 0을 빼면 그 값은 변하지 않습니다.

예 3−0=3

- **(전체)−(전체)**

전체에서 전체를 빼면 0이 됩니다.

예 3−3=0

○ 그림을 보고 덧셈과 뺄셈을 해 보시오.

1

0+1=☐

2

2+0=☐

3

5−0=☐

4

4−4=☐

○ 덧셈과 뺄셈을 해 보시오.

⑤ $1+0=$

⑥ $0+3=$

⑦ $5+0=$

⑧ $0+6=$

⑨ $9+0=$

⑩ $0+2=$

⑪ $7+0=$

⑫ $0+4=$

⑬ $8+0=$

⑭ $0+7=$

⑮ $6+0=$

⑯ $1-1=$

⑰ $4-0=$

⑱ $8-8=$

⑲ $6-0=$

⑳ $5-5=$

㉑ $8-0=$

㉒ $6-6=$

㉓ $7-0=$

㉔ $7-7=$

㉕ $9-0=$

○ 그림을 보고 덧셈과 뺄셈을 해 보시오.

❶
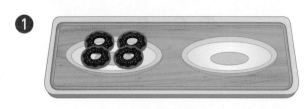

$$4 + \boxed{} = \boxed{}$$

❷
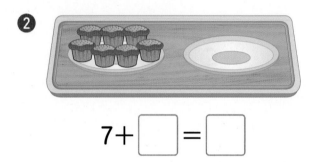

$$7 + \boxed{} = \boxed{}$$

❸
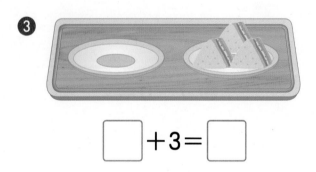

$$\boxed{} + 3 = \boxed{}$$

❹

$$\boxed{} + 5 = \boxed{}$$

❺

$$6 - \boxed{} = \boxed{}$$

❻

$$8 - \boxed{} = \boxed{}$$

❼

$$5 - \boxed{} = \boxed{}$$

❽

$$7 - \boxed{} = \boxed{}$$

○ 덧셈과 뺄셈을 해 보시오.

⑨ 1+0=

⑩ 0+2=

⑪ 5+0=

⑫ 0+6=

⑬ 8+0=

⑭ 0+4=

⑮ 6+0=

⑯ 0+7=

⑰ 9+0=

⑱ 0+8=

⑲ 4−0=

⑳ 1−1=

㉑ 9−0=

㉒ 3−3=

㉓ 4−4=

㉔ 5−0=

㉕ 9−9=

㉖ 2−0=

㉗ 8−8=

㉘ 7−0=

㉙ 2−2=

○ 빈칸에 알맞은 수를 써넣으시오.

❶

+3

1   ☐ ←● 1+3을
계산해요.

❺

−1

4   ☐

❷

+4

3   ☐

❻

−1

7   ☐

❸

+2

2   ☐

❼

−3

6   ☐

❹

+0

9   ☐

❽

−0

5   ☐

정답 · 13쪽

❾
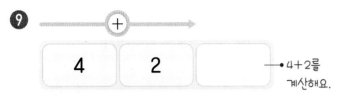

4   2   ＿＿＿ ← 4+2를
계산해요.

❿

0   5

⓫
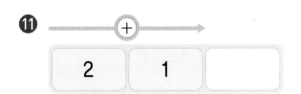

2   1

⓬
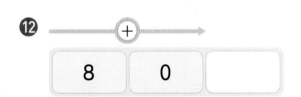

8   0

⓭
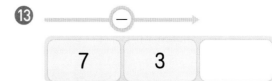

7   3

⓮

6   5

⓯

4   0

⓰

9   9

문장제 속 연산

⓱ 흰 토끼가 5마리 있고, 회색 토끼가 3마리 있습니다. 토끼는
모두 몇 마리 있는지 구해 보시오.

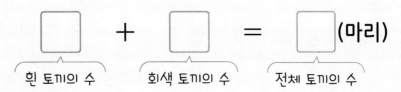

☐ ＋ ☐ ＝ ☐ (마리)

흰 토끼의 수   회색 토끼의 수   전체 토끼의 수

3. 덧셈과 뺄셈 · **89**

원리 덧셈식을 뺄셈식으로 나타내기

$$2 + 3 = 5 \Rightarrow 3 = 5 - 2$$

원리 뺄셈식을 덧셈식으로 나타내기

$$5 - 3 = 2 \Rightarrow 5 = 2 + 3$$

적용 덧셈식의 어떤 수(□) 구하기

$$2 + □ = 5 \Rightarrow □ = 5 - 2$$

적용 뺄셈식의 어떤 수(□) 구하기

$$□ - 3 = 2 \Rightarrow □ = 2 + 3$$

○ 어떤 수(□)를 구하려고 합니다. □ 안에 알맞은 수를 써넣으시오.

1

$$1 + □ = 3$$

$$3 - 1 = □$$

2

$$5 + □ = 6$$

$$6 - 5 = □$$

3

$$6 + □ = 8$$

$$8 - 6 = □$$

4

$$□ - 1 = 2$$

$$2 + 1 = □$$

5

$$□ - 3 = 4$$

$$4 + 3 = □$$

6

$$□ - 4 = 5$$

$$5 + 4 = □$$

7 $2 + \boxed{} = 4$

$4 - 2 = \boxed{}$

8 $3 + \boxed{} = 7$

$7 - 3 = \boxed{}$

9 $4 + \boxed{} = 8$

$8 - 4 = \boxed{}$

10 $7 + \boxed{} = 9$

$9 - 7 = \boxed{}$

11 $8 + \boxed{} = 9$

$9 - 8 = \boxed{}$

12 $\boxed{} - 1 = 3$

$3 + 1 = \boxed{}$

13 $\boxed{} - 4 = 1$

$1 + 4 = \boxed{}$

14 $\boxed{} - 3 = 3$

$3 + 3 = \boxed{}$

15 $\boxed{} - 2 = 6$

$6 + 2 = \boxed{}$

16 $\boxed{} - 7 = 2$

$2 + 7 = \boxed{}$

○ 그림을 보고 빈칸에 알맞은 수를 써넣으시오.

1

2   3

☐

2

6

2   ☐

○ 빈칸에 알맞은 수를 써넣으시오.

3

1   6

☐

4

7

5   ☐

○ 그림에 알맞은 식을 쓰고 읽어 보시오.

5

$3+5=$ ☐

3 더하기 5는 ☐ 과 같습니다.

6

$5-4=$ ☐

5와 4의 차는 ☐ 입니다.

○ 식에 알맞게 ◯를 그리거나 /으로 지워 덧셈과 뺄셈을 해 보시오.

7 $4+4=$ ☐

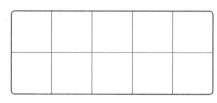

8 $6-1=$ ☐

○ 빈칸에 알맞은 수를 써넣으시오.

9

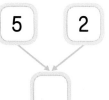

$5+2=\boxed{}$

10

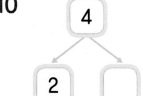

$4-2=\boxed{}$

○ 덧셈과 뺄셈을 해 보시오.

11 $3+3=$

12 $9-6=$

13 $4+0=$

14 $0+9=$

15 $6-6=$

○ 빈칸에 알맞은 수를 써넣으시오.

16

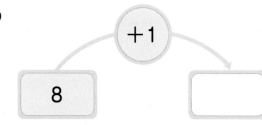

17

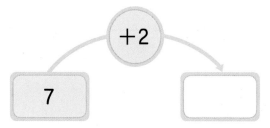

18

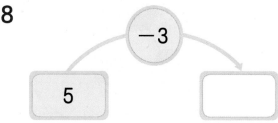

19

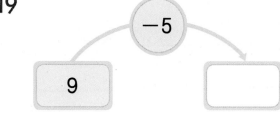

20

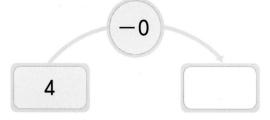

🔗 3단원의 연산 실력을 보충하고 싶다면 클리닉 북 11~21쪽을 풀어 보세요.

비교하기

학습 내용	학습 회차	걸린 시간
1 길이의 비교	1일 차	/6분
2 무게의 비교	2일 차	/6분
3 넓이의 비교	3일 차	/6분
4 담을 수 있는 양의 비교	4일 차	/6분
평가 4. 비교하기	5일 차	/15분

기초력 상승!

헛 둘! 헛 둘!

'두 가지 물건의 길이를 비교해 봐!'

더 길다

더 짧다

'세 가지 물건의 길이를 비교해 봐!'

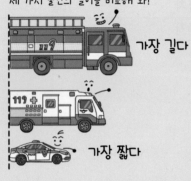

가장 길다

가장 짧다

● 두 가지 물건의 길이 비교

'더 길다, 더 짧다'로 나타냅니다.

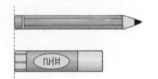

⇨ 연필은 풀보다 더 깁니다.
  풀은 연필보다 더 짧습니다.

● 세 가지 물건의 길이 비교

'가장 길다, 가장 짧다'로 나타냅니다.

⇨ 볼펜이 가장 깁니다.
  지우개가 가장 짧습니다.

참고 높이를 비교하는 말에는 '더 높다, 더 낮다' 등이 있습니다.

○ 더 긴 것에 ◯표 하시오.

1

(   )

(   )

2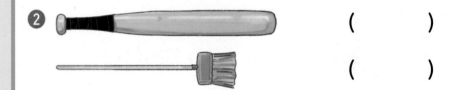

(   )

(   )

3

(   )

(   )

4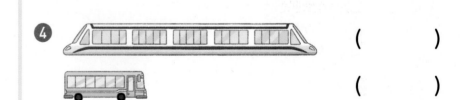

(   )

(   )

○ 더 짧은 것에 △표 하시오.

5 (　　　)

(　　　)

6 (　　　)

(　　　)

7 (　　　)

(　　　)

8 (　　　)

(　　　)

○ 가장 긴 것에 ○표, 가장 짧은 것에 △표 하시오.

9 (　　　)

(　　　)

(　　　)

10 (　　　)

(　　　)

(　　　)

11 (　　　)

(　　　)

(　　　)

12 (　　　)

(　　　)

(　　　)

② 무게의 비교

'두 가지 물건의 무게를 비교해 봐!'

더 무겁다   더 가볍다

'세 가지 물건의 무게를 비교해 봐!'

가장 무겁다   가장 가볍다

● **두 가지 물건의 무게 비교**

'더 무겁다, 더 가볍다'로 나타냅니다.

⇨ 벽돌은 못보다 더 무겁습니다.
　　못은 벽돌보다 더 가볍습니다.

● **세 가지 물건의 무게 비교**

'가장 무겁다, 가장 가볍다'로 나타냅니다.

⇨ 멜론이 가장 무겁습니다.
　　체리가 가장 가볍습니다.

○ 더 무거운 것에 ◯표 하시오.

❶

(　　　　)　　(　　　　)

❷

(　　　　)　　(　　　　)

❸

(　　　　)　　(　　　　)

❹

(　　　　)　　(　　　　)

○ 더 가벼운 것에 △표 하시오.

5

(   )   (   )

6

(   )   (   )

7

(   )   (   )

8

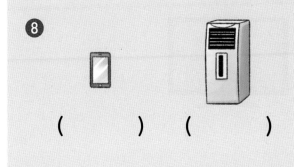

(   )   (   )

○ 가장 무거운 것에 ◯표, 가장 가벼운 것에 △표 하시오.

9

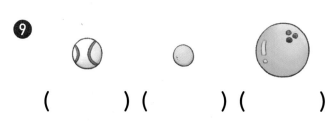

(   ) (   ) (   )

10

(   ) (   ) (   )

11

(   ) (   ) (   )

12

(   ) (   ) (   )

'두 가지 물건의 넓이를 비교해 봐!'

더 넓다   더 좁다

'세 가지 물건의 넓이를 비교해 봐!'

가장 넓다   가장 좁다

● **두 가지 물건의 넓이 비교**

'더 넓다, 더 좁다'로 나타냅니다.

⇨ ┌ 달력은 공책보다 더 넓습니다.
   └ 공책은 달력보다 더 좁습니다.

● **세 가지 물건의 넓이 비교**

'가장 넓다, 가장 좁다'로 나타냅
니다.

⇨ ┌ 스케치북이 가장 넓습니다.
   └ 수첩이 가장 좁습니다.

○ 더 넓은 것에 ◯표 하시오.

①

(   )   (   )

②

(   )   (   )

③

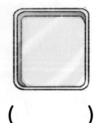

(   )   (   )

④

(   )   (   )

정답 · 14쪽

○ 더 좁은 것에 △표 하시오.

5

(　　　) (　　　)

6

(　　　) (　　　)

7

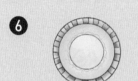

(　　　) (　　　)

8

(　　　) (　　　)

○ 가장 넓은 것에 ◯표, 가장 좁은 것에 △표 하시오.

9

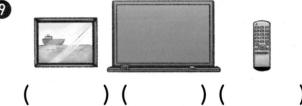

(　　　) (　　　) (　　　)

10

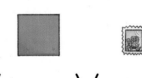

(　　　) (　　　) (　　　)

11

(　　　) (　　　) (　　　)

12

(　　　) (　　　) (　　　)

4 담을 수 있는 양의 비교

'두 가지 그릇에 담을 수 있는 양을 비교해 봐!'

더 많다　　더 적다

'세 가지 그릇에 담을 수 있는 양을 비교해 봐!'

가장 많다　　가장 적다

● **두 가지 그릇에 담을 수 있는 양의 비교**

'더 많다, 더 적다'로 나타냅니다.

⇨ 유리컵은 종이컵보다 담을 수 있는 양이 더 많습니다.
종이컵은 유리컵보다 담을 수 있는 양이 더 적습니다.

● **세 가지 그릇에 담을 수 있는 양의 비교**

'가장 많다, 가장 적다'로 나타냅니다.

⇨ 양동이에 담을 수 있는 양이 가장 많습니다.
우유갑에 담을 수 있는 양이 가장 적습니다.

○ 담을 수 있는 양이 더 많은 것에 ◯표 하시오.

❶

(　　　　)　　　　(　　　　)

❷

(　　　　)　　　　(　　　　)

❸

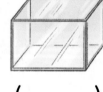　　

(　　　　)　　　　(　　　　)

❹

(　　　　)　　　　(　　　　)

○ 담을 수 있는 양이 더 적은 것에 △표 하시오.

○ 담을 수 있는 양이 가장 많은 것에 ◯표, 가장 적은 것에 △표 하시오.

5

(　　　)　　　(　　　)

9
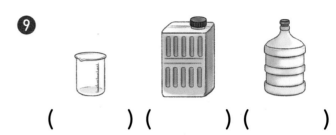
(　　) (　　) (　　)

6

(　　　)　　　(　　　)

10

(　　) (　　) (　　)

7

(　　　)　　　(　　　)

11
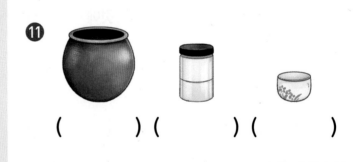
(　　) (　　) (　　)

8
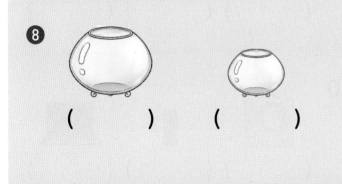
(　　　)　　　(　　　)

12
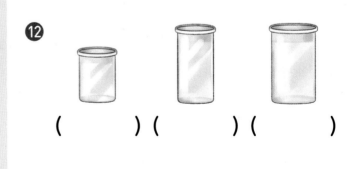
(　　) (　　) (　　)

○ 더 긴 것에 ◯표 하시오.

1  ( )

( )

2  ( )

( )

3 ( )

( )

○ 가장 긴 것에 ◯표, 가장 짧은 것에 △표 하시오.

4 ( )

( )

 ( )

5 ( )

( )

 ( )

○ 더 가벼운 것에 △표 하시오.

6

( )   ( )

7

( )   ( )

8

( )   ( )

○ 가장 무거운 것에 ◯표, 가장 가벼운 것에 △표 하시오.

9

( ) ( ) ( )

10

( ) ( ) ( )

○ 더 넓은 것에 ◯표 하시오.

11

(　　　) 　 (　　　)

12

(　　　) 　 (　　　)

13

(　　　) 　 (　　　)

○ 가장 넓은 것에 ◯표, 가장 좁은 것에 △표 하시오.

14

(　　) (　　) (　　)

15

(　　) (　　) (　　)

○ 담을 수 있는 양이 더 적은 것에 △표 하시오.

16

(　　　) 　 (　　　)

17

(　　　) 　 (　　　)

18

(　　　) 　 (　　　)

○ 담을 수 있는 양이 가장 많은 것에 ◯표, 가장 적은 것에 △표 하시오.

19

(　　) (　　) (　　)

20

(　　) (　　) (　　)

4단원의 연산 실력을 보충하고 싶다면 **클리닉 북 23~26쪽**을 풀어 보세요.

50까지의 수

학습 내용	학습 회차	걸린 시간
1 10 알아보기	1일 차	/3분
	2일 차	/5분
비법 강의 수 감각을 키우면 빨라지는 계산 비법	3일 차	/8분
2 십몇 알아보기	4일 차	/8분
	5일 차	/8분
3 19까지의 수 모으기	6일 차	/5분
	7일 차	/7분
4 19까지의 수 가르기	8일 차	/5분
	9일 차	/7분
5 10개씩 묶어 세기	10일 차	/6분
	11일 차	/7분
6 50까지의 수 세기	12일 차	/10분
	13일 차	/10분
7 50까지의 수의 순서	14일 차	/8분
	15일 차	/12분
8 50까지의 수의 크기 비교	16일 차	/9분
	17일 차	/14분
평가 5. 50까지의 수	18일 차	/14분

기초력 상승!

헛 둘! 헛 둘!

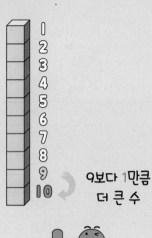

9보다 1만큼 더 큰 수

십, 열

● **10 알아보기**

9보다 1만큼 더 큰 수
[쓰기] 10
[읽기] 십, 열

● **10 모으기와 가르기**

· 10 모으기
(1, 9), (2, 8), (3, 7), (4, 6), (5, 5)
를 각각 모으기 하여 10을 만들
수 있습니다.

· 10 가르기
10을 (1, 9), (2, 8), (3, 7), (4, 6),
(5, 5)로 각각 가르기 할 수 있
습니다.

○ **그림을 보고 모으기와 가르기를 해 보시오.**

1

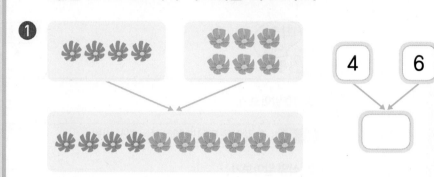

2

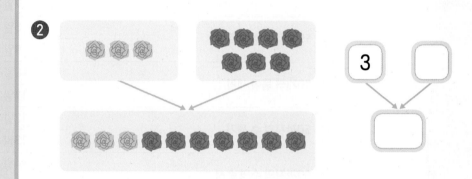

3

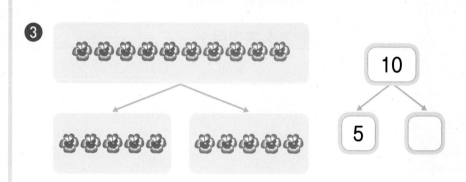

4

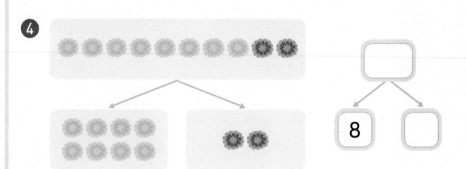

⑤

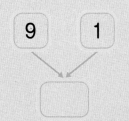

9　1

⑧

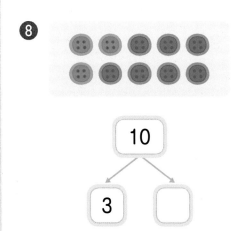

10

3　☐

⑥

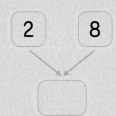

2　8

⑨

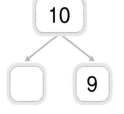

10

☐　9

⑦

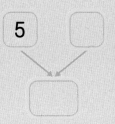

5　☐

⑩

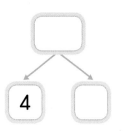

☐

4　☐

○ 빈칸에 알맞은 수를 써넣으시오.

1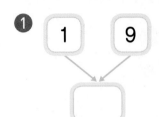

2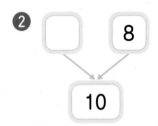

3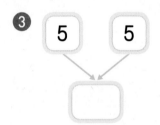

4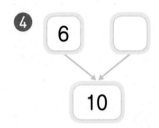

5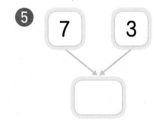

6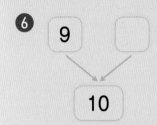

7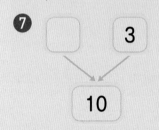

8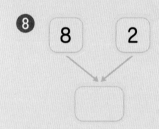

9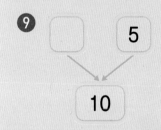

10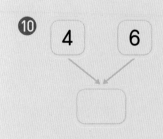

⑪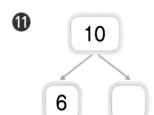

⑫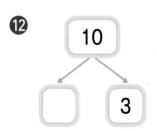

⑬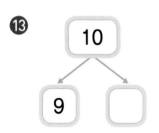

⑭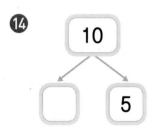

⑮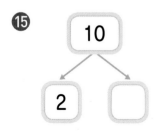

⑯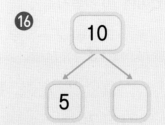

⑰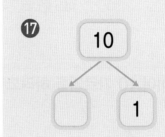

⑱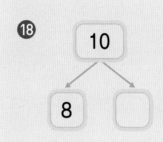

⑲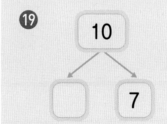

⑳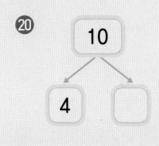

+-×÷ 10 모으기를 한 후 연이어 10 가르기

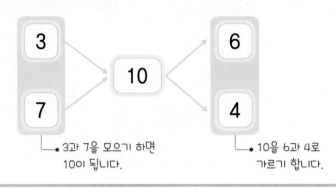

● 3과 7을 모으기 하면 10이 됩니다.

● 10을 6과 4로 가르기 합니다.

○ 10 모으기를 한 후 연이어 10 가르기를 하려고 합니다. 빈칸에 알맞은 수를 써넣으시오.

❶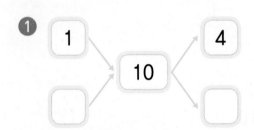

❹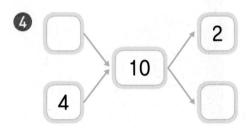

❷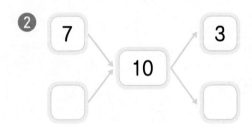

❺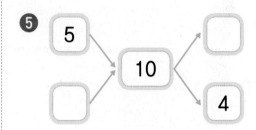

❸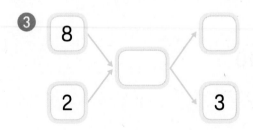

❻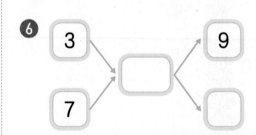

7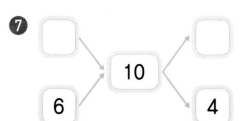

8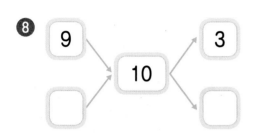

9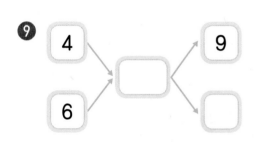

10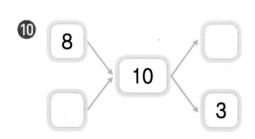

11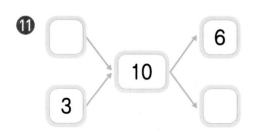

12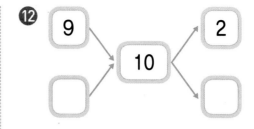

13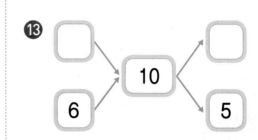

14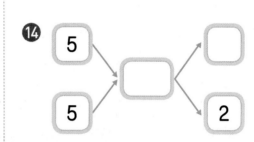

15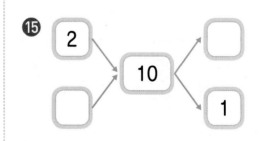

16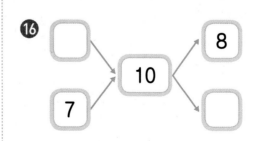

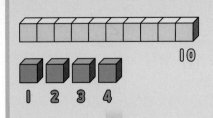

난 10개씩
묶음의 수!

14 나는
낱개의 수!

십사
열넷

● 십몇을 쓰고 읽기

10개씩 묶음	낱개	쓰기	읽기
1	1	11	십일 열하나
1	2	12	십이 열둘
1	3	13	십삼 열셋
1	4	14	십사 열넷
1	5	15	십오 열다섯
1	6	16	십육 열여섯
1	7	17	십칠 열일곱
1	8	18	십팔 열여덟
1	9	19	십구 열아홉

○ 수로 나타내어 보시오.

❶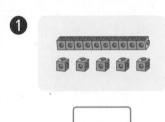

❷

❸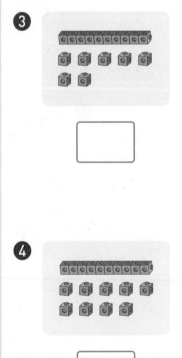

❹

❺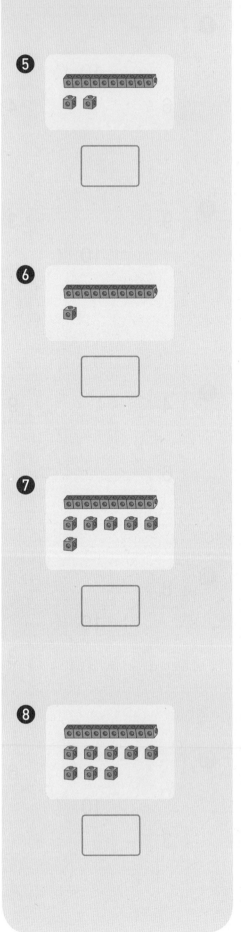

❻

❼

❽

정답 • 17쪽

○ 수를 바르게 읽은 것에 ○표 하시오.

9

12

십일   열둘

10

15

십오   열여섯

11

17

십칠   열다섯

12

14

십삼   열넷

13

11

십이   열하나

14

16

십육   열여덟

15

13

십사   열셋

16

19

십구   열일곱

○ 빈칸에 알맞은 수를 써넣으시오.

❶
10개씩 묶음	1
낱개	4

➡ ☐

❷
10개씩 묶음	1
낱개	8

➡ ☐

❸
10개씩 묶음	1
낱개	2

➡ ☐

❹
10개씩 묶음	1
낱개	5

➡ ☐

❺
10개씩 묶음	1
낱개	7

➡ ☐

❻ 13 ➡

10개씩 묶음	
낱개	

❼ 11 ➡

10개씩 묶음	
낱개	

❽ 19 ➡

10개씩 묶음	
낱개	

❾ 18 ➡

10개씩 묶음	
낱개	

❿ 16 ➡

10개씩 묶음	
낱개	

○ 수를 세어 쓰고, 그 수를 바르게 읽은 것에 ◯표 하시오.

⑪

⇨ (　십이　,　열넷　)

⑭

⇨ (　십일　,　열둘　)

⑫

⇨ (　십사　,　열다섯　)

⑮

⇨ (　십삼　,　열일곱　)

⑬

⇨ (　십칠　,　열여섯　)

⑯

⇨ (　십육　,　열아홉　)

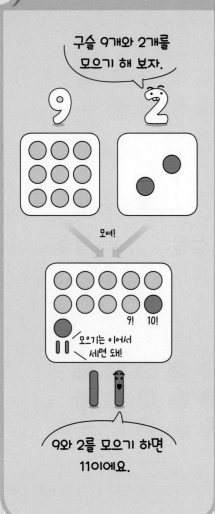

구슬 9개와 2개를 모으기 해 보자.

모여!

9! 10!

모으기는 이어서 세면 돼!

9와 2를 모으기 하면 11이에요.

• **19까지의 수 모으기**

9와 2를 모으기 하면 11이 됩니다.

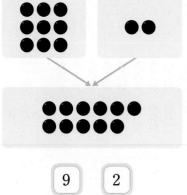

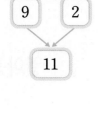

○ 모으기를 하여 빈 곳에 알맞은 수만큼 ◯를 그려 보시오.

1

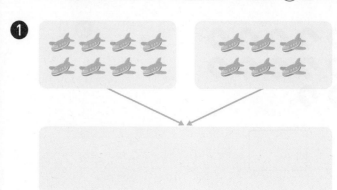

2

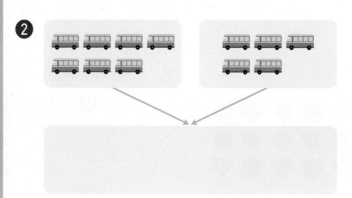

3

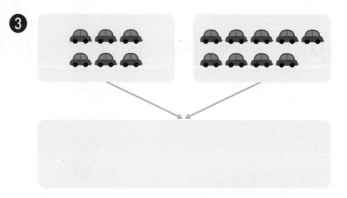

4

정답 • 17쪽

○ 그림을 보고 빈칸에 알맞은 수를 써넣으시오.

5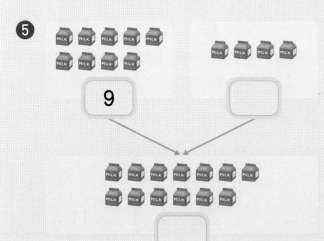

8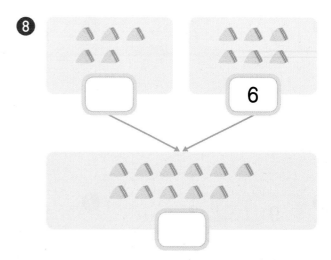

6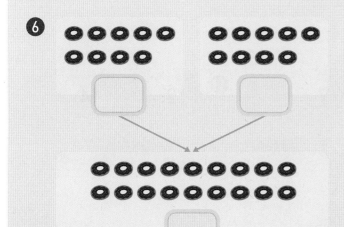

9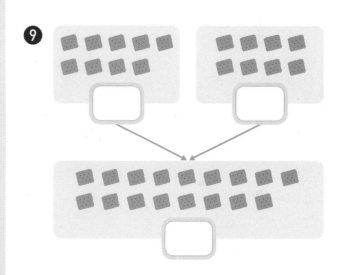

7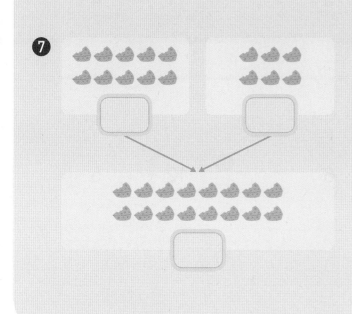

10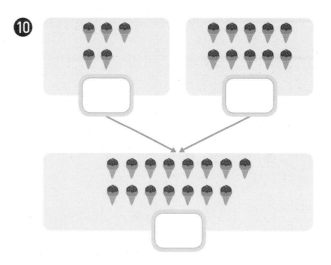

○ **모으기를 해 보시오.**

1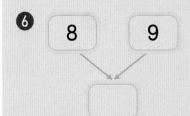

7   6

2

9   3

3

2   9

4

7   8

5

8   8

6

8   9

7

5   8

8

7   7

9

8   3

10

6   6

11

9   10

12

7   11

13

2   14

14

11   4

15

12   5

○ 모으기를 하여 빈칸에 알맞은 수를 써넣으시오.

⑯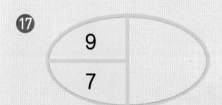
8
4

⑰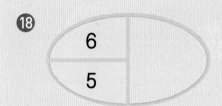
9
7

⑱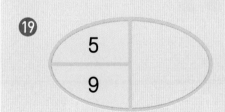
6
5

⑲
5
9

⑳
6
7

㉑
7　　10

㉒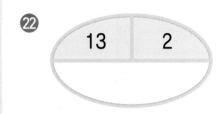
13　　2

㉓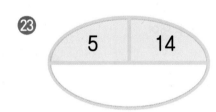
5　　14

㉔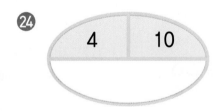
4　　10

㉕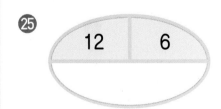
12　　6

12를 8과 어떤 수로
가르기 할 수 있을까?

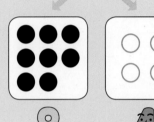

8만큼 을
그어 봐.

12는 8과 4로
가르기 할 수 있어.

● **19까지의 수 가르기**

12는 8과 4로 가르기 할 수 있습
니다.

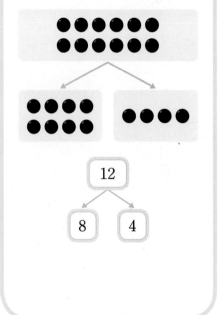

○ 가르기를 하여 빈 곳에 알맞은 수만큼 ◯를 그려 보시오.

❶

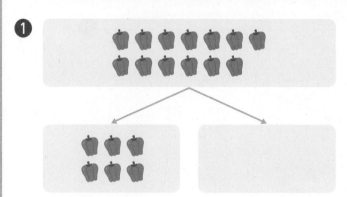

❷

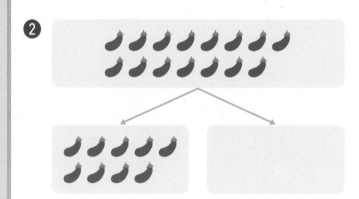

❸

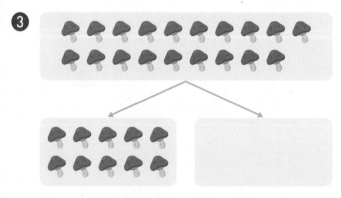

❹

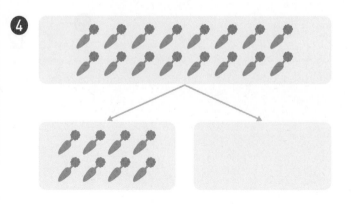

정답 • 18쪽

○ 그림을 보고 빈칸에 알맞은 수를 써넣으시오.

5

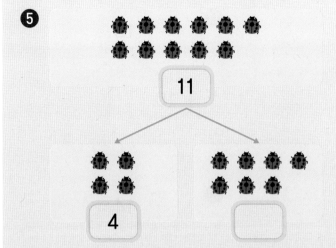

11

4

6

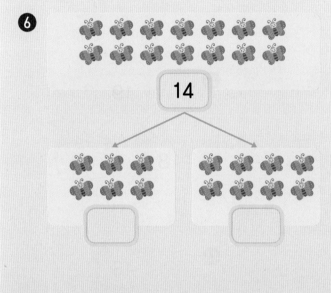

14

7

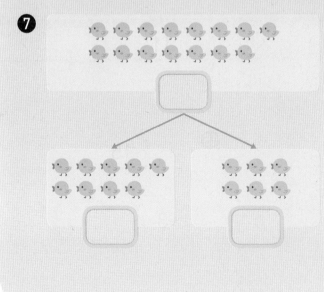

8

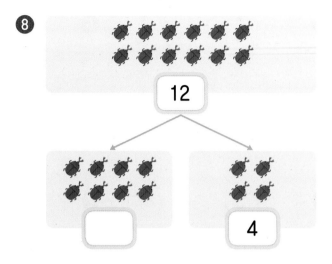

12

4

9

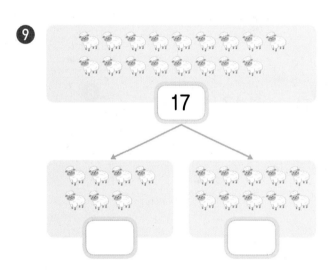

17

10

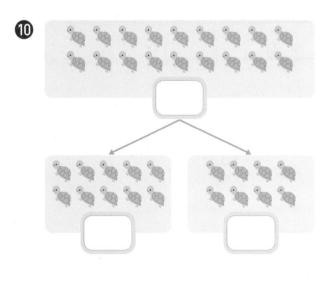

○ 가르기를 해 보시오.

1
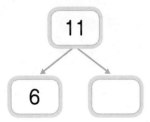
11
6 ☐

2
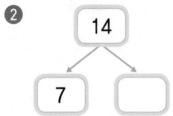
14
7 ☐

3
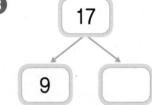
17
9 ☐

4
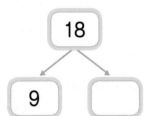
18
9 ☐

5
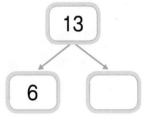
13
6 ☐

6
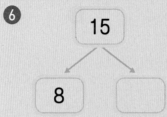
15
8 ☐

7
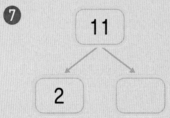
11
2 ☐

8
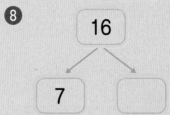
16
7 ☐

9
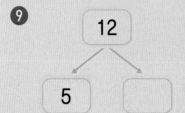
12
5 ☐

10
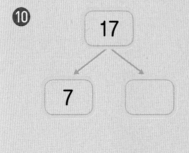
17
7 ☐

11
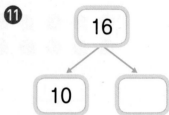
16
10 ☐

12
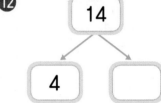
14
4 ☐

13
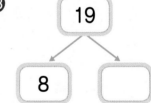
19
8 ☐

14
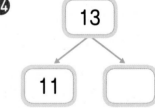
13
11 ☐

15
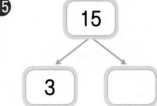
15
3 ☐

○ 가르기를 하여 빈칸에 알맞은 수를 써넣으시오.

⑯

⑰

⑱

⑲

⑳

㉑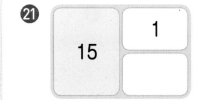

㉒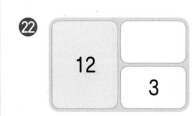

㉓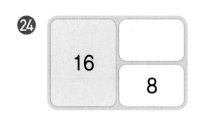

㉔

㉕

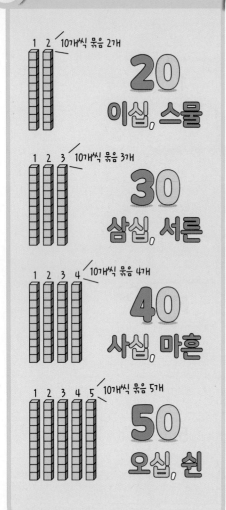

20
이십, 스물

30
삼십, 서른

40
사십, 마흔

50
오십, 쉰

● 20, 30, 40, 50을 쓰고 읽기

10개씩 묶음	쓰기	읽기
2개	20	이십 스물
3개	30	삼십 서른
4개	40	사십 마흔
5개	50	오십 쉰

○ 모형을 보고 ☐ 안에 알맞은 수를 써넣으시오.

❶

10개씩 묶음 ☐ 개

➡ ☐

❷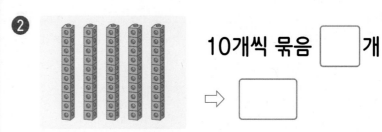

10개씩 묶음 ☐ 개

➡ ☐

❸

10개씩 묶음 ☐ 개

➡ ☐

❹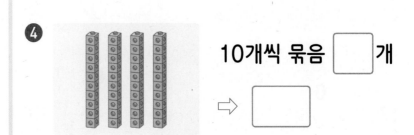

10개씩 묶음 ☐ 개

➡ ☐

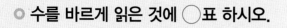

○ 수를 바르게 읽은 것에 ◯표 하시오.

5

20

| 이십 | 쉰 |

9

30

| 삼십 | 마흔 |

6

50

| 오십 | 스물 |

10

20

| 사십 | 스물 |

7

30

| 이십 | 서른 |

11

40

| 사십 | 서른 |

8

40

| 오십 | 마흔 |

12

50

| 삼십 | 쉰 |

○ ☐ 안에 알맞은 수를 써넣으시오.

1 10개씩 묶음 2개

↓

☐

2 10개씩 묶음 4개

↓

☐

3 10개씩 묶음 3개

↓

☐

4 10개씩 묶음 5개

↓

☐

5 40

↓

10개씩 묶음 ☐ 개

6 30

↓

10개씩 묶음 ☐ 개

7 50

↓

10개씩 묶음 ☐ 개

8 20

↓

10개씩 묶음 ☐ 개

정답 · 18쪽

○ 수를 세어 쓰고, 그 수를 바르게 읽은 것에 ◯표 하시오.

9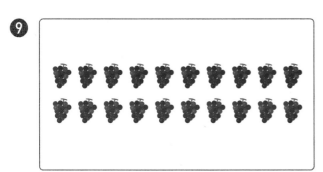

☐

⇨ (이십 , 쉰)

10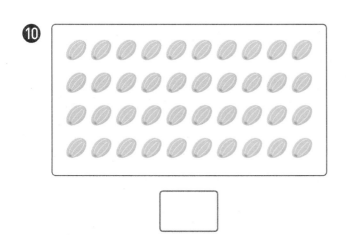

☐

⇨ (사십 , 스물)

11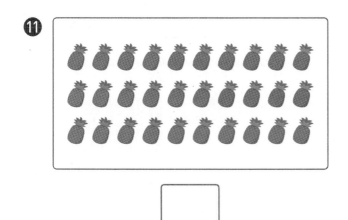

☐

⇨ (오십 , 서른)

12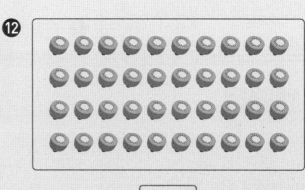

☐

⇨ (삼십 , 마흔)

13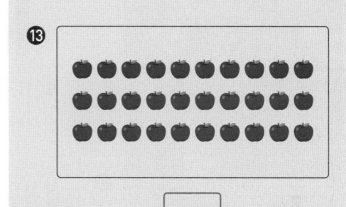

☐

⇨ (삼십 , 스물)

14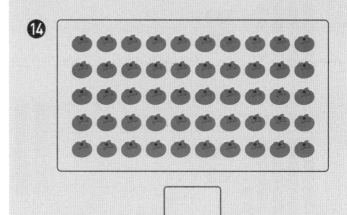

☐

⇨ (사십 , 쉰)

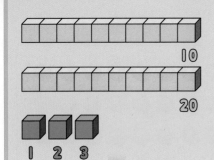

10

20

1 2 3

난 10개씩
묶음의 수!
23
나는
낱개의 수!

이십삼
스물셋

● **50까지의 수 알아보기**

· 10개씩 묶음 3개와 낱개 6개를
36이라고 합니다.

쓰기 36
읽기 삼십육,
서른여섯

· 10개씩 묶음 4개와 낱개 2개를
42라고 합니다.

쓰기 42
읽기 사십이,
마흔둘

○ 수로 나타내어 보시오.

❶

❷

❸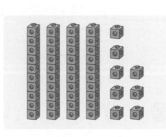

❹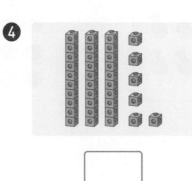

❺

❻

❼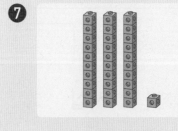

❽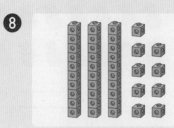

○ 수를 바르게 읽은 것에 ○표 하시오.

9

| 26 |
| 이십육 | 스물하나 |

10

| 32 |
| 삼십이 | 서른셋 |

11

| 41 |
| 사십이 | 마흔하나 |

12

| 37 |
| 삼십팔 | 서른일곱 |

13

| 43 |
| 사십삼 | 마흔둘 |

14

| 28 |
| 삼십팔 | 스물여덟 |

15

| 24 |
| 이십사 | 서른넷 |

16

| 39 |
| 삼십구 | 마흔아홉 |

17

| 45 |
| 사십오 | 스물다섯 |

18

| 35 |
| 이십오 | 서른다섯 |

○ 빈칸에 알맞은 수를 써넣으시오.

1

10개씩 묶음	2
낱개	6

➡ ☐

2

10개씩 묶음	4
낱개	4

➡ ☐

3

10개씩 묶음	3
낱개	2

➡ ☐

4

10개씩 묶음	2
낱개	9

➡ ☐

5

10개씩 묶음	4
낱개	7

➡ ☐

6

39 ➡

10개씩 묶음	
낱개	

7

25 ➡

10개씩 묶음	
낱개	

8

48 ➡

10개씩 묶음	
낱개	

9

23 ➡

10개씩 묶음	
낱개	

10

31 ➡

10개씩 묶음	
낱개	

정답 · 19쪽

○ 수를 세어 쓰고, 그 수를 바르게 읽은 것에 ◯표 하시오.

⓫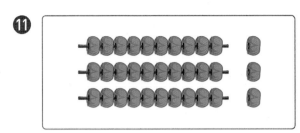

⇨ (삼십삼   ,   서른둘   )

⓬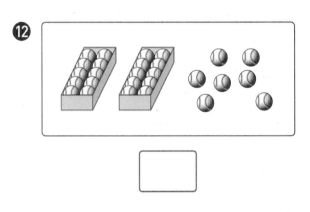

⇨ (이십칠   ,   스물다섯   )

⓭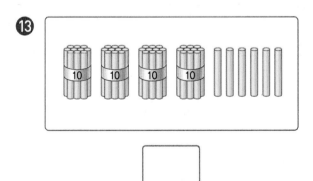

⇨ (사십팔   ,   마흔여섯   )

⓮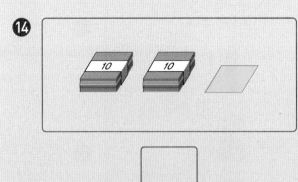

⇨ (이십육   ,   스물하나   )

⓯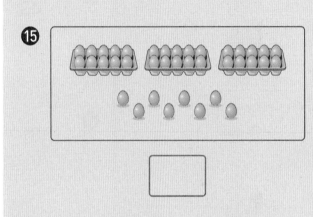

⇨ (삼십오   ,   서른여덟   )

⓰

⇨ (사십구   ,   서른아홉   )

난 22보다 1만큼 더 작은 수야!

2**1**

−1

2**2**

난 22와 24 사이에 있는 수야.

2**3**

2**4**

+1

2**5**

난 24보다 1만큼 더 큰 수야!

● **50까지의 수의 순서**

1	2	3	4	5
6	7	8	9	10
11	12	13	14	15
16	17	18	19	20
21	22	23	24	25
26	27	28	29	30
31	32	33	34	35
36	37	38	39	40
41	42	43	44	45
46	47	48	49	50

• 22보다 1만큼 더 작은 수: 21
• 24보다 1만큼 더 큰 수: 25
• 22와 24 사이에 있는 수: 23

○ 수의 순서에 맞게 빈칸에 알맞은 수를 써넣으시오.

❶ 15 ☐ 17

❷ 27 ☐ 29

❸ 43 ☐ 45

❹ 31 ☐ 33

❺ 16 ☐ 18

❻ 38 ☐ 40

❼ 24 ☐ 26

⑧

1만큼 더 작은 수 — 14 — 1만큼 더 큰 수

⑨

1만큼 더 작은 수 — 35 — 1만큼 더 큰 수

⑩

1만큼 더 작은 수 — 26 — 1만큼 더 큰 수

⑪

1만큼 더 작은 수 — 42 — 1만큼 더 큰 수

⑫

1만큼 더 작은 수 — 38 — 1만큼 더 큰 수

⑬
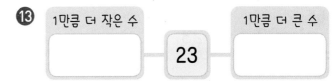
1만큼 더 작은 수 — 23 — 1만큼 더 큰 수

⑭
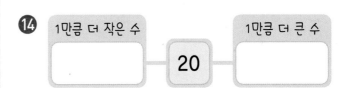
1만큼 더 작은 수 — 20 — 1만큼 더 큰 수

⑮
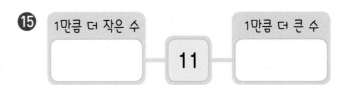
1만큼 더 작은 수 — 11 — 1만큼 더 큰 수

⑯
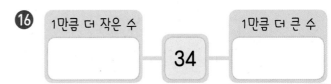
1만큼 더 작은 수 — 34 — 1만큼 더 큰 수

⑰
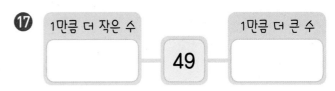
1만큼 더 작은 수 — 49 — 1만큼 더 큰 수

○ 수의 순서에 맞게 빈칸에 알맞은 수를 써넣으시오.

1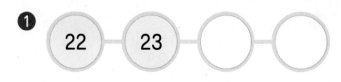

7

2

8

3

9

4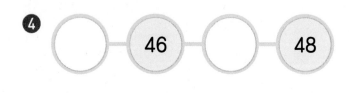

10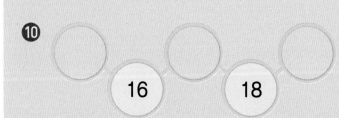

5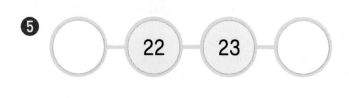

11

6

12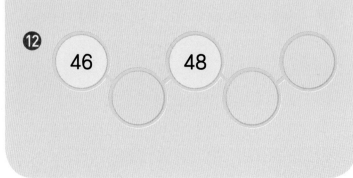

⓭

1	2		4
5		7	
9			12

⓮

19	20		
23		25	26
27		29	

⓯

32		34	35
	37		39
40		42	

⓰

11		13	14
	16		18
19			22

⓱

24	25		
28		30	31
32		34	

⓲

17	18		20
21		23	24
	26		

⓳

8	9		
12		14	15
	17	18	

⓴

	40		42
43		45	
47	48		50

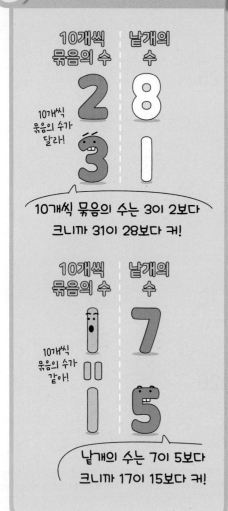

10개씩 묶음의 수는 3이 2보다 크니까 31이 28보다 커!

낱개의 수는 7이 5보다 크니까 17이 15보다 커!

● **50까지의 수의 크기 비교**

10개씩 묶음의 수를 비교한 후 10개씩 묶음의 수가 같으면 낱개의 수를 비교합니다.

[예] • 28과 31의 크기 비교

⇨ 28은 31보다 작습니다.

2는 3보다 작습니다.

• 17과 15의 크기 비교

⇨ 17은 15보다 큽니다.

7은 5보다 큽니다.

○ 모형을 보고 알맞은 말에 ◯표 하시오.

1

20은 30보다 (큽니다 , 작습니다).
30은 20보다 (큽니다 , 작습니다).

2

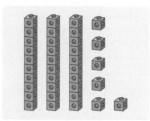

44는 36보다 (큽니다 , 작습니다).
36은 44보다 (큽니다 , 작습니다).

3

 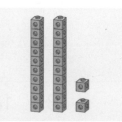

28은 22보다 (큽니다 , 작습니다).
22는 28보다 (큽니다 , 작습니다).

○ 알맞은 말에 ◯표 하시오.

❹ 30은 40보다 (큽니다 , 작습니다).

❺ 15는 12보다 (큽니다 , 작습니다).

❻ 25는 29보다 (큽니다 , 작습니다).

❼ 38은 23보다 (큽니다 , 작습니다).

❽ 46은 41보다 (큽니다 , 작습니다).

❾ 13은 31보다 (큽니다 , 작습니다).

❿ 47은 37보다 (큽니다 , 작습니다).

⓫ 42는 43보다 (큽니다 , 작습니다).

⓬ 21은 36보다 (큽니다 , 작습니다).

⓭ 45는 35보다 (큽니다 , 작습니다).

⓮ 39는 32보다 (큽니다 , 작습니다).

⓯ 24는 27보다 (큽니다 , 작습니다).

⓰ 33은 19보다 (큽니다 , 작습니다).

⓱ 36은 34보다 (큽니다 , 작습니다).

◦ 더 큰 수에 ◯표 하시오.

1

| 19 | 23 |

2

| 17 | 14 |

3

| 41 | 28 |

4

| 25 | 27 |

5

| 30 | 42 |

6

| 46 | 45 |

7

| 31 | 29 |

◦ 더 작은 수에 △표 하시오.

8

| 35 | 32 |

9

| 27 | 36 |

10

| 24 | 29 |

11

| 32 | 15 |

12

| 44 | 23 |

13

| 36 | 38 |

14

| 14 | 34 |

정답 • 20쪽

○ 가장 큰 수에 ◯표 하시오.

⑮
| 26 | 20 | 24 |

⑯
| 12 | 13 | 17 |

⑰
| 21 | 18 | 42 |

⑱
| 47 | 40 | 44 |

⑲
| 18 | 35 | 26 |

⑳
| 35 | 33 | 38 |

㉑
| 30 | 25 | 23 |

○ 가장 작은 수에 △표 하시오.

㉒
| 43 | 27 | 32 |

㉓
| 39 | 19 | 29 |

㉔
| 24 | 26 | 20 |

㉕
| 50 | 31 | 45 |

㉖
| 17 | 23 | 36 |

㉗
| 35 | 38 | 33 |

㉘
| 28 | 41 | 22 |

○ 모으기와 가르기를 해 보시오.

1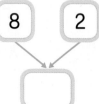

2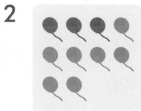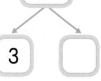

○ 수로 나타내어 보시오.

3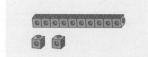

4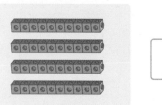

5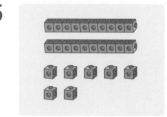

○ 빈칸에 알맞은 수를 써넣으시오.

6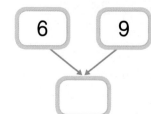

7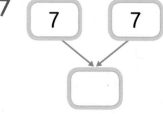

8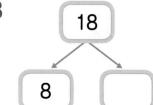

9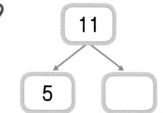

10

정답 • 20쪽

○ 수를 바르게 읽은 것에 ◯표 하시오.

11

17
십칠	열여섯

12

30
오십	서른

13

24
이십사	서른넷

14

42
이십이	마흔둘

15

39
삼십구	서른여덟

○ 수의 순서에 맞게 빈칸에 알맞은 수를 써넣으시오.

16

◯ — 24 — ◯ — 26

17

◯ — 40 — 41 — ◯ — ◯

○ 더 큰 수에 ◯표 하시오.

18

35	32

19

17	21

20

47	49

5단원의 연산 실력을 보충하고 싶다면 **클리닉 북 27~34쪽**을 풀어 보세요.

memo 쓱삭! 쓱삭!

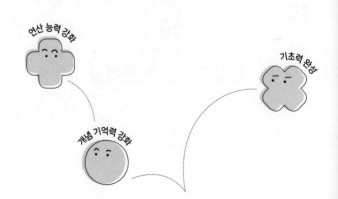

개념+연산

클리닉 북

「메인 북」에서 단원별 평가 후 부족한 연산력은 「클리닉 북」에서 보완합니다.

차례 1-1

ABOVE IMAGINATION

우리는 남다른 상상과 혁신으로
교육 문화의 새로운 전형을 만들어
모든 이의 행복한 경험과 성장에 기여한다

1 1부터 5까지의 수

정답 · 21쪽

○ 수를 세어 ◯표 하시오.

①

하나	둘	셋	넷	다섯

②

하나	둘	셋	넷	다섯

③

하나	둘	셋	넷	다섯

④

일	이	삼	사	오

⑤

일	이	삼	사	오

⑥

일	이	삼	사	오

⑦

1	2	3	4	5

⑧

1	2	3	4	5

⑨

1	2	3	4	5

⑩

1	2	3	4	5

2 6부터 9까지의 수

정답 · 21쪽

○ 수를 세어 ○표 하시오.

❶

| 여섯 | 일곱 | 여덟 | 아홉 |

❷

| 여섯 | 일곱 | 여덟 | 아홉 |

❸

| 육 | 칠 | 팔 | 구 |

❹

| 육 | 칠 | 팔 | 구 |

❺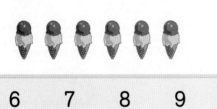

| 6 | 7 | 8 | 9 |

❻

| 6 | 7 | 8 | 9 |

❼

| 6 | 7 | 8 | 9 |

❽

| 6 | 7 | 8 | 9 |

③ 수로 순서 나타내기

정답 · 21쪽

○ 알맞게 색칠해 보시오.

①

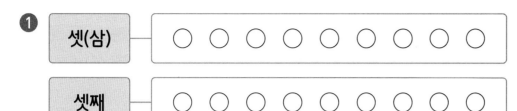

셋(삼)

셋째

②

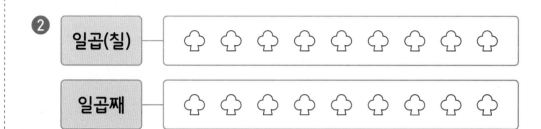

일곱(칠)

일곱째

③

다섯(오)

다섯째

④

아홉(구)

아홉째

⑤

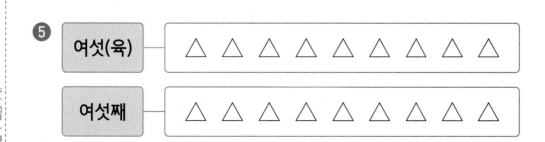

여섯(육)

여섯째

4 9까지의 수의 순서

정답 · 21쪽

○ 순서에 알맞게 빈칸에 수를 써넣으시오.

①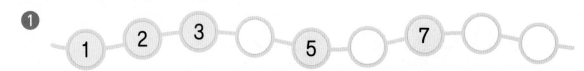

②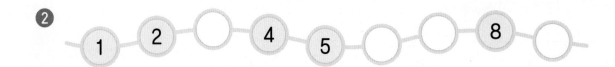

③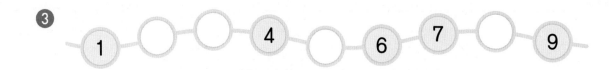

④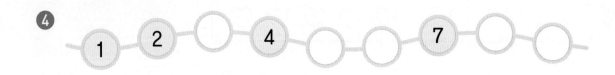

⑤

⑥

5 1만큼 더 큰 수, 1만큼 더 작은 수 / 0

정답 · 21쪽

○ 빈칸에 알맞은 수를 써넣으시오.

1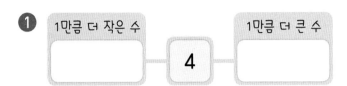

2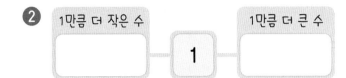

3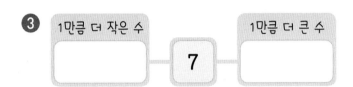

4

5 1만큼 더 작은 수　1만큼 더 큰 수
　6

6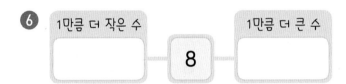

○ ☐ 안에 알맞은 수를 써넣으시오.

7 2보다 1만큼 더 큰 수는
　☐ 입니다.

8 5보다 1만큼 더 작은 수는
　☐ 입니다.

9 7보다 1만큼 더 큰 수는
　☐ 입니다.

10 1보다 1만큼 더 작은 수는
　☐ 입니다.

11 3보다 1만큼 더 큰 수는
　☐ 입니다.

12 9보다 1만큼 더 작은 수는
　☐ 입니다.

9까지의 수의 크기 비교

정답 · 21쪽

○ 더 큰 수에 ◯표 하시오.

❶
3	4

❷
8	2

❸
7	1

❹
4	6

❺
5	2

❻
2	9

❼
4	8

❽
7	3

○ 더 작은 수에 △표 하시오.

❾
1	4

❿
5	9

⓫
8	2

⓬
6	4

⓭
9	6

⓮
7	8

⓯
1	5

⓰
0	1

1 여러 가지 모양 찾기

정답 · 21쪽

○ 모양에 □표, 모양에 △표, 모양에 ○표 하시오.

1
(   )

2
(   )

3
(   )

4
(   )

5
(   )

6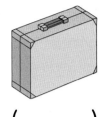
(   )

7
(   )

8
(   )

9
(   )

10
(   )

11
(   )

12
(   )

13
(   )

14
(   )

15
(   )

여러 가지 모양 알아보기

정답 • 22쪽

○ 상자에 일부분만 보이는 모양을 보고 어떤 모양인지 알맞은 모양을 찾아 ○표 하시오.

❶
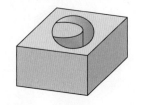

(◻ , ▯ , ●)

❷
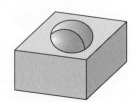

(◻ , ▯ , ●)

❸
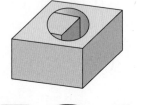

(◻ , ▯ , ●)

❹
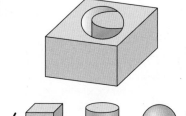

(◻ , ▯ , ●)

○ 설명하는 모양을 찾아 ○표 하시오.

❺
┌─────────────────────┐
│ 둥근 부분이 없습니다. │
└─────────────────────┘
 , ,

❻
┌─────────────────────────┐
│ 한쪽 방향으로만 잘 굴러갑니다. │
└─────────────────────────┘
 , ,

❼
┌──────────────────────────────┐
│ 어느 쪽으로도 잘 쌓을 수 있습니다. │
└──────────────────────────────┘
 , ,

❽
┌─────────────────────────────┐
│ 잘 굴러가고 쌓을 수 없습니다. │
└─────────────────────────────┘
 , ,

③ 여러 가지 모양 만들기

정답 • 22쪽

○ , , 모양을 각각 몇 개 이용하여 만든 모양인지 세어 보시오.

❶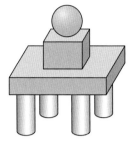

⬛ 모양	⬜ 모양	⚫ 모양

❷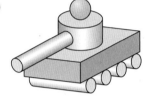

⬛ 모양	⬜ 모양	⚫ 모양

❸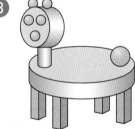

⬛ 모양	⬜ 모양	⚫ 모양

❹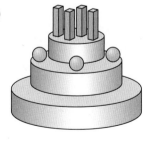

⬛ 모양	⬜ 모양	⚫ 모양

1 그림을 이용하여 9까지의 수 모으기

정답 · 22쪽

○ 모으기를 해 보시오.

❶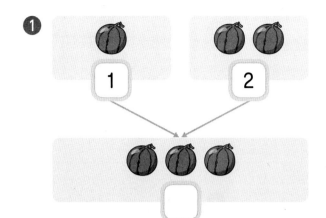

❷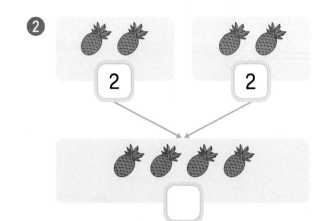

❸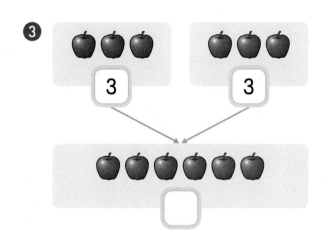

❹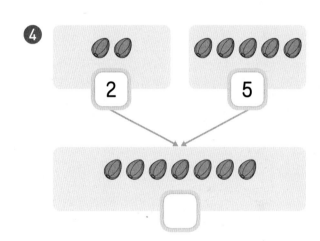

❺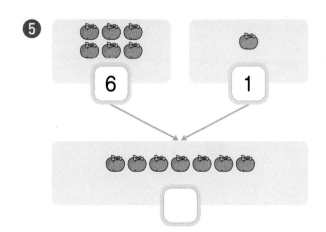

❻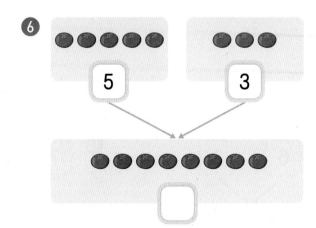

2 9까지의 수 모으기

정답 · 22쪽

○ 모으기를 해 보시오.

❶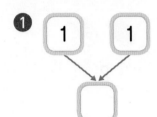

❷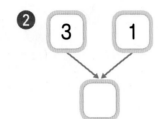

❸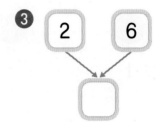

❹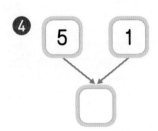

❺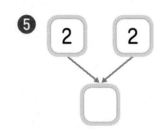

❻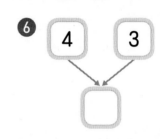

❼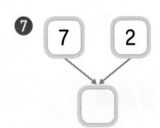

❽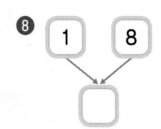

❾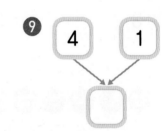

❿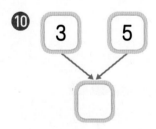

⓫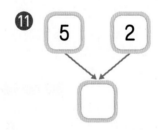

⓬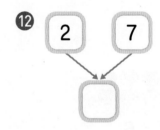

⓭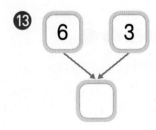

⓮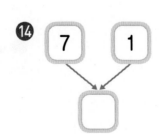

⓯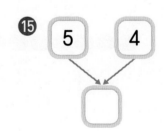

3 그림을 이용하여 9까지의 수 가르기

정답 · 22쪽

○ 가르기를 해 보시오.

❶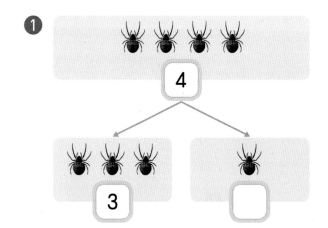

❷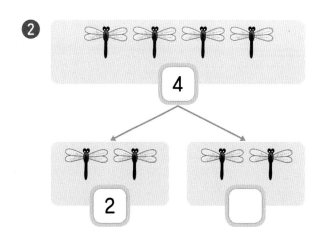

❸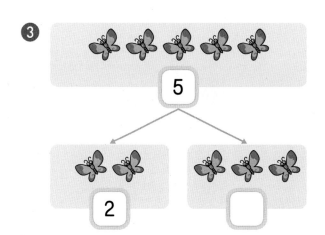

❹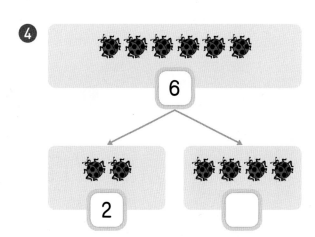

❺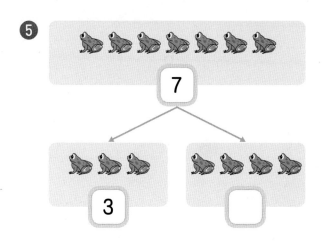

❻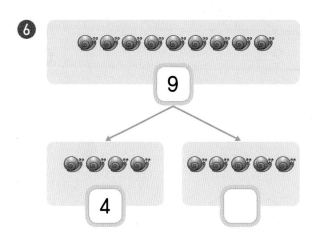

4 9까지의 수 가르기

정답 · 22쪽

○ 가르기를 해 보시오.

❶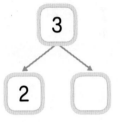

❷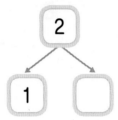

❸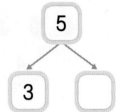

❹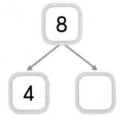

❺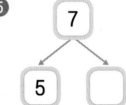

❻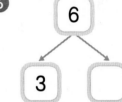

❼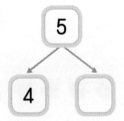

❽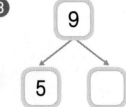

❾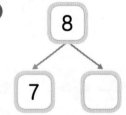

❿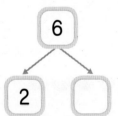

⓫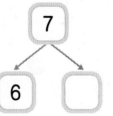

⓬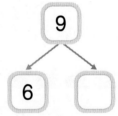

⓭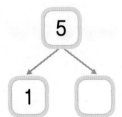

⓮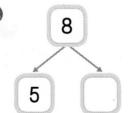

⓯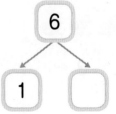

5 덧셈식을 쓰고 읽기

정답 · 22쪽

○ 그림에 알맞은 덧셈식을 쓰고 읽어 보시오.

1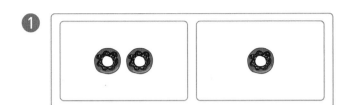

$2+1=\boxed{}$

2 더하기 $\boxed{}$ 은 $\boxed{}$ 과

같습니다.

2

$3+2=\boxed{}$

3 더하기 $\boxed{}$ 는 $\boxed{}$ 와

같습니다.

3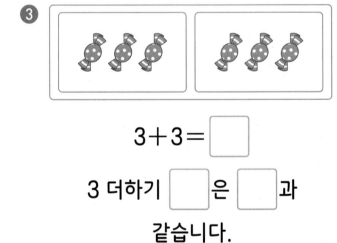

$3+3=\boxed{}$

3 더하기 $\boxed{}$ 은 $\boxed{}$ 과

같습니다.

4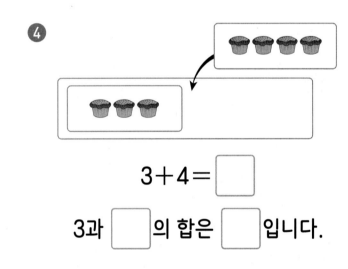

$3+4=\boxed{}$

3과 $\boxed{}$ 의 합은 $\boxed{}$ 입니다.

5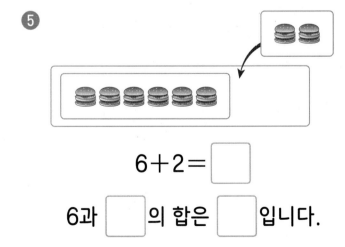

$6+2=\boxed{}$

6과 $\boxed{}$ 의 합은 $\boxed{}$ 입니다.

6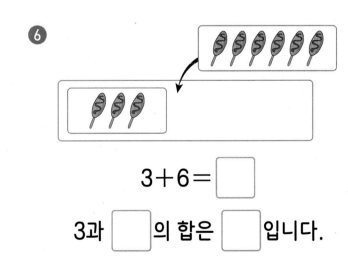

$3+6=\boxed{}$

3과 $\boxed{}$ 의 합은 $\boxed{}$ 입니다.

6 그림 그리기를 이용하여 덧셈하기

정답 · 22쪽

○ 식에 알맞게 ◯를 그려 덧셈을 해 보시오.

❶ 3＋1＝ ☐

❷ 2＋3＝ ☐

❸ 4＋2＝ ☐

❹ 2＋5＝ ☐

○ 덧셈을 해 보시오.

❺ 1＋4＝

❻ 2＋1＝

❼ 3＋3＝

❽ 5＋1＝

❾ 2＋6＝

❿ 6＋1＝

⓫ 7＋2＝

⓬ 5＋3＝

⓭ 1＋8＝

7 모으기를 이용하여 덧셈하기

정답 · 22쪽

○ 모으기를 이용하여 덧셈을 해 보시오.

❶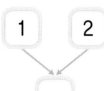

1+☐=☐

❷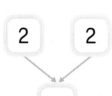

2+☐=☐

❸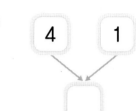

4+☐=☐

❹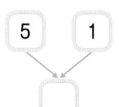

5+☐=☐

❺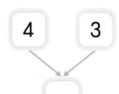

4+☐=☐

❻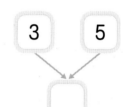

3+☐=☐

○ 덧셈을 해 보시오.

❼ 2+3=

❽ 2+6=

❾ 3+4=

❿ 4+4=

⓫ 5+2=

⓬ 5+4=

⓭ 6+3=

⓮ 7+1=

⓯ 8+1=

8 뺄셈식을 쓰고 읽기

정답 · 23쪽

○ 그림에 알맞은 뺄셈식을 쓰고 읽어 보시오.

1

$$5 - 3 = \boxed{}$$

5 빼기 $\boxed{}$ 은 $\boxed{}$ 와

같습니다.

2

$$6 - 2 = \boxed{}$$

6 빼기 $\boxed{}$ 는 $\boxed{}$ 와

같습니다.

3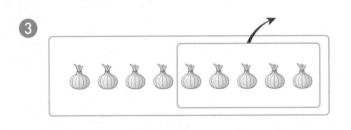

$$9 - 5 = \boxed{}$$

9 빼기 $\boxed{}$ 는 $\boxed{}$ 와

같습니다.

4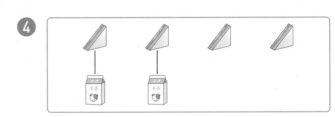

$$4 - 2 = \boxed{}$$

4와 $\boxed{}$ 의 차는 $\boxed{}$ 입니다.

5

$$6 - 5 = \boxed{}$$

6과 $\boxed{}$ 의 차는 $\boxed{}$ 입니다.

6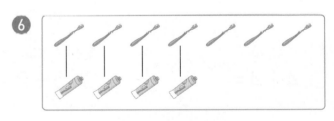

$$7 - 4 = \boxed{}$$

7과 $\boxed{}$ 의 차는 $\boxed{}$ 입니다.

9 **그림 그리기를 이용하여 뺄셈하기**

정답 · 23쪽

○ 식에 알맞게 /으로 지우거나 하나씩 연결하여 뺄셈을 해 보시오.

1 $2-1=\boxed{}$

2 $6-4=\boxed{}$

3 $7-3=\boxed{}$

4 $8-6=\boxed{}$

○ 뺄셈을 해 보시오.

5 $4-3=$

6 $5-2=$

7 $6-5=$

8 $3-1=$

9 $4-2=$

10 $7-1=$

11 $6-3=$

12 $8-5=$

13 $9-7=$

10 가르기를 이용하여 뺄셈하기

정답 · 23쪽

○ 가르기를 이용하여 뺄셈을 해 보시오.

❶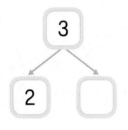

$3-2=\boxed{}$

❷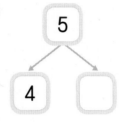

$5-4=\boxed{}$

❸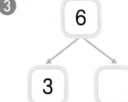

$6-3=\boxed{}$

❹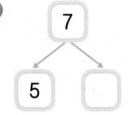

$7-5=\boxed{}$

❺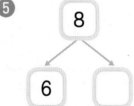

$8-6=\boxed{}$

❻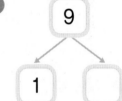

$9-1=\boxed{}$

○ 뺄셈을 해 보시오.

❼ $2-1=$

❽ $3-1=$

❾ $4-2=$

❿ $7-4=$

⓫ $6-2=$

⓬ $5-2=$

⓭ $9-8=$

⓮ $6-1=$

⓯ $9-4=$

11 0을 더하거나 빼기

정답 • 23쪽

○ 덧셈과 뺄셈을 해 보시오.

❶ 0+1=

❷ 3+0=

❸ 4+0=

❹ 2+0=

❺ 8+0=

❻ 5+0=

❼ 0+7=

❽ 0+9=

❾ 6+0=

❿ 0+8=

⓫ 2-2=

⓬ 3-0=

⓭ 6-6=

⓮ 8-0=

⓯ 5-0=

⓰ 5-5=

⓱ 9-0=

⓲ 3-3=

⓳ 4-0=

⓴ 7-7=

㉑ 6-0=

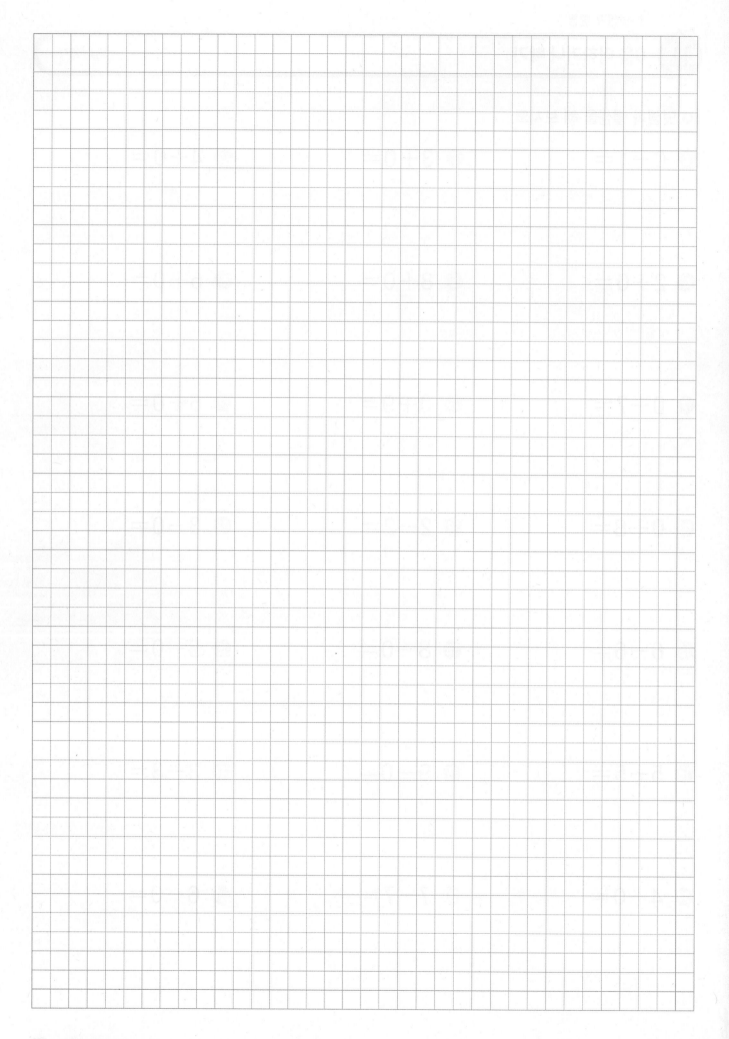

1 길이의 비교

정답 • 23쪽

○ 더 긴 것에 ◯표 하시오.

❶    (   )

(   )

❷   (   )

(   )

❸ 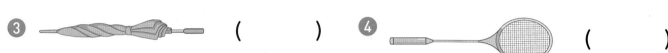   (   )

(   )

❹   (   )

(   )

○ 더 짧은 것에 △표 하시오.

❺    (   )

(   )

❻   (   )

크레파스 (   )

❼    (   )

(   )

❽   (   )

(   )

○ 가장 긴 것에 ◯표, 가장 짧은 것에 △표 하시오.

❾   (   )

(   )

(   )

❿   (   )

(   )

(   )

② 무게의 비교

정답 · 23쪽

○ 더 무거운 것에 ◯표 하시오.

1

(   )　(   )

2

(   )　(   )

3

(   )　(   )

4

(   )　(   )

○ 더 가벼운 것에 △표 하시오.

5

(   )　(   )

6

(   )　(   )

7

(   )　(   )

8

(   )　(   )

○ 가장 무거운 것에 ◯표, 가장 가벼운 것에 △표 하시오.

9

(   )　(   )　(   )

10

(   )　(   )　(   )

3 넓이의 비교

정답 • 23쪽

○ 더 넓은 것에 ◯표 하시오.

①

(   )   (   )

②

(   )   (   )

③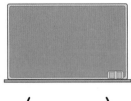

(   )   (   )

④

(   )   (   )

○ 더 좁은 것에 △표 하시오.

⑤

(   )   (   )

⑥

(   )   (   )

⑦

(   )   (   )

⑧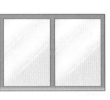

(   )   (   )

○ 가장 넓은 것에 ◯표, 가장 좁은 것에 △표 하시오.

⑨

(   ) (   ) (   )

⑩

(   ) (   ) (   )

4 담을 수 있는 양의 비교

정답 · 23쪽

○ 담을 수 있는 양이 더 많은 것에 ◯표 하시오.

1

(   )   (   )

2

(   )   (   )

3

(   )   (   )

4

(   )   (   )

○ 담을 수 있는 양이 더 적은 것에 △표 하시오.

5

(   )   (   )

6

(   )   (   )

7

(   )   (   )

8

(   )   (   )

○ 담을 수 있는 양이 가장 많은 것에 ◯표, 가장 적은 것에 △표 하시오.

9

(   ) (   ) (   )

10

(   ) (   ) (   )

① 10 알아보기

정답 • 24쪽

○ 빈칸에 알맞은 수를 써넣으시오.

①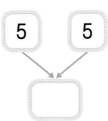

②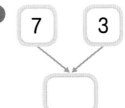

③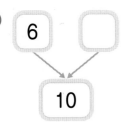

④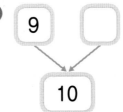

⑤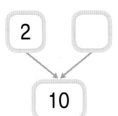

⑥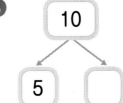

⑦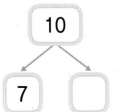

⑧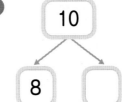

⑨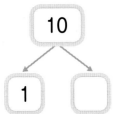

⑩

2 십몇 알아보기

○ 수로 나타내어 보시오.

1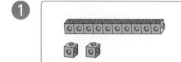

2

3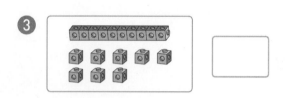

4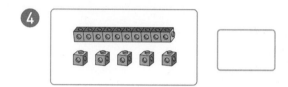

○ 수를 세어 쓰고, 그 수를 바르게 읽은 것에 ◯표 하시오.

5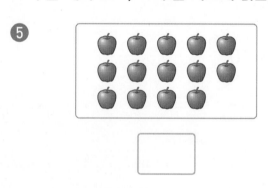

⇨ (십사 , 열둘)

6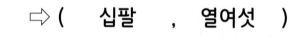

⇨ (십팔 , 열여섯)

7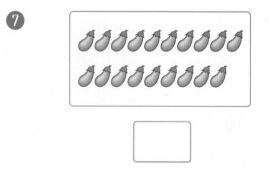

⇨ (십구 , 열여덟)

8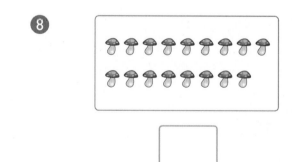

⇨ (십오 , 열일곱)

③ 19까지의 수 모으기

정답 • 24쪽

○ 모으기를 해 보시오.

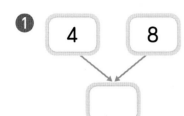
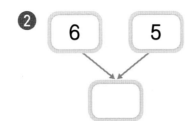
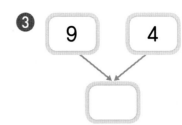

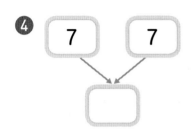
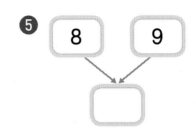
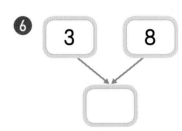

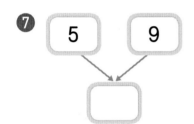
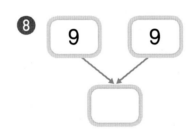
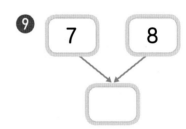

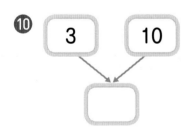
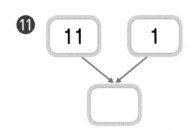
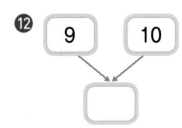

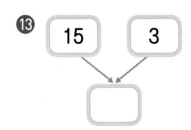
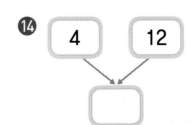
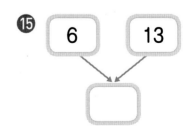

4 19까지의 수 가르기

정답·24쪽

○ 가르기를 해 보시오.

❶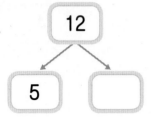

❷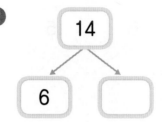

❸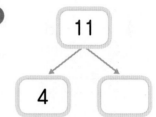

❹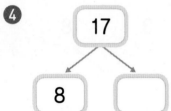

❺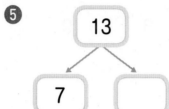

❻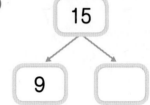

❼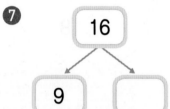

❽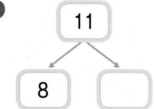

❾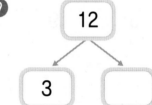

❿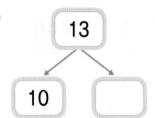

⓫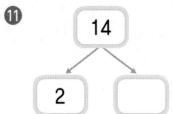

⓬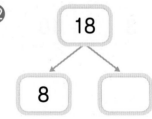

⓭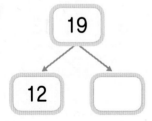

⓮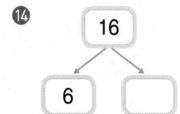

⓯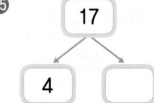

⑤ 10개씩 묶어 세기

정답 · 24쪽

○ ☐ 안에 알맞은 수를 써넣으시오.

❶ 10개씩 묶음 4개 ➡ ☐

❷ 10개씩 묶음 3개 ➡ ☐

❸ 20 ➡ 10개씩 묶음 ☐ 개

❹ 50 ➡ 10개씩 묶음 ☐ 개

○ 수를 세어 쓰고, 그 수를 바르게 읽은 것에 ◯표 하시오.

❺

☐

⇨ (삼십 , 쉰)

❻

☐

⇨ (사십 , 스물)

❼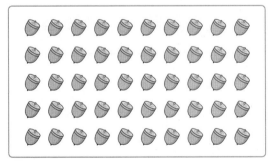

☐

⇨ (오십 , 서른)

❽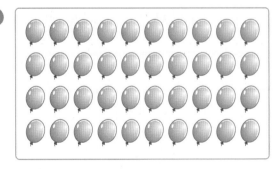

☐

⇨ (이십 , 마흔)

50까지의 수 세기

정답 • 24쪽

○ 수로 나타내어 보시오.

1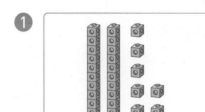

2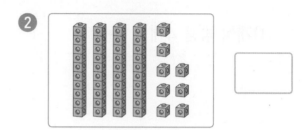

3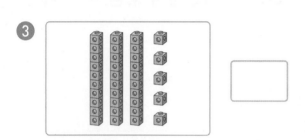

4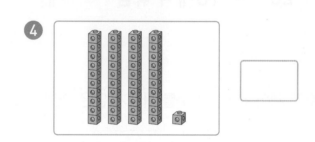

○ 수를 세어 쓰고, 그 수를 바르게 읽은 것에 ○표 하시오.

5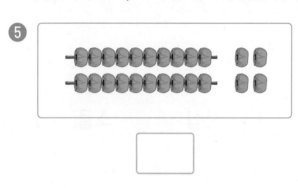

⇨ (이십사 , 스물셋)

6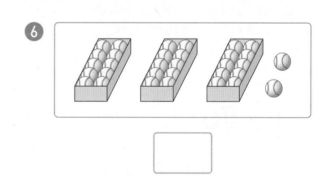

⇨ (삼십일 , 서른둘)

7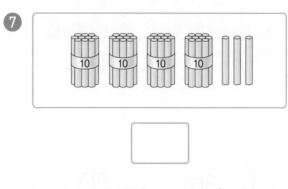

⇨ (사십삼 , 마흔여섯)

8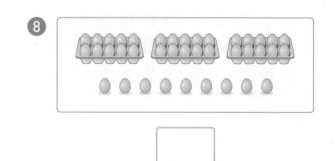

⇨ (삼십구 , 마흔아홉)

7 **50까지의 수의 순서**

정답 • 24쪽

○ 빈칸에 알맞은 수를 써넣으시오.

1

1만큼 더 작은 수		1만큼 더 큰 수
	19	

2

1만큼 더 작은 수		1만큼 더 큰 수
	35	

3

1만큼 더 작은 수		1만큼 더 큰 수
	27	

4

1만큼 더 작은 수		1만큼 더 큰 수
	43	

○ 수의 순서에 맞게 빈칸에 알맞은 수를 써넣으시오.

5

11		13	
15	16		18
	20		22

6

	31	32	
34		36	
38	39		41

7

22		24	25
	27		
30	31		33

8

39		41	42
	44		46
47	48		

8 50까지의 수의 크기 비교

정답 · 24쪽

○ 더 큰 수에 ◯표 하시오.

① | 23 | 18 |

② | 35 | 39 |

③ | 36 | 24 |

④ | 17 | 16 |

⑤ | 25 | 31 |

⑥ | 47 | 29 |

⑦ | 48 | 33 |

⑧ | 40 | 41 |

○ 더 작은 수에 △표 하시오.

⑨ | 17 | 12 |

⑩ | 28 | 30 |

⑪ | 34 | 16 |

⑫ | 32 | 37 |

⑬ | 36 | 43 |

⑭ | 45 | 49 |

⑮ | 29 | 21 |

⑯ | 42 | 26 |

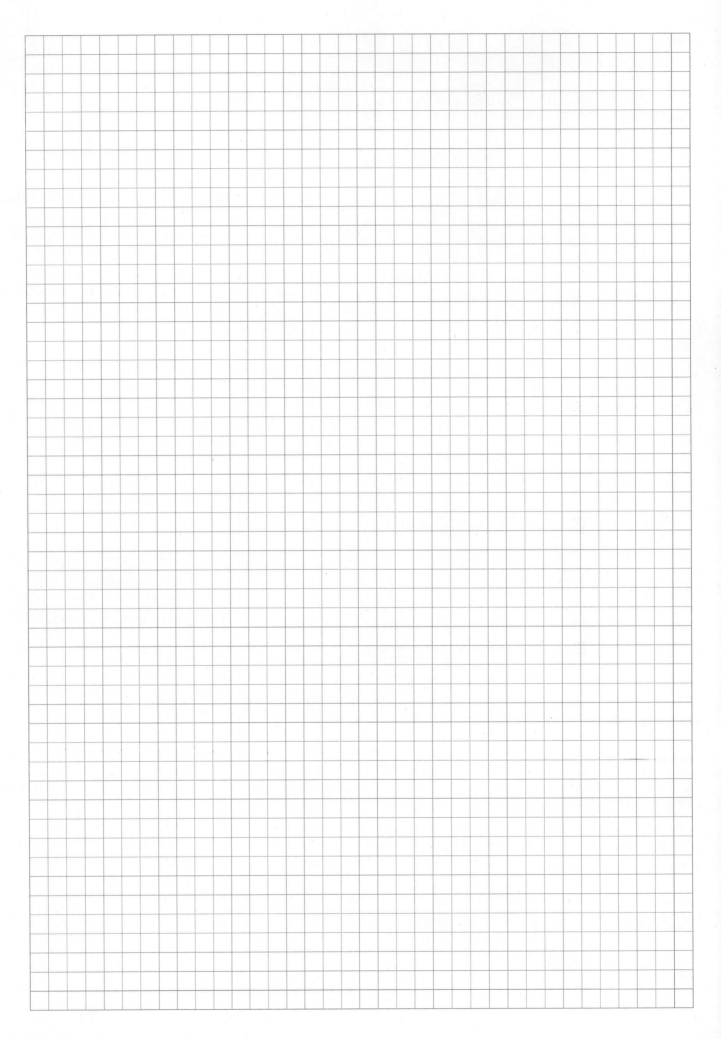

정답

정답 QR 코드

개념 + 연산

초등 수학

1 / 1

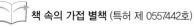 **책 속의 가접 별책** (특허 제 0557442호)

정답'은 메인 북에서 쉽게 분리할 수 있도록 제작되었으므로
유통 과정에서 분리될 수 있으나 파본이 아닌 정상 제품입니다.

 visang

개념＋연산

정답

초등수학

1·1

1. 9까지의 수

① 1부터 5까지의 수

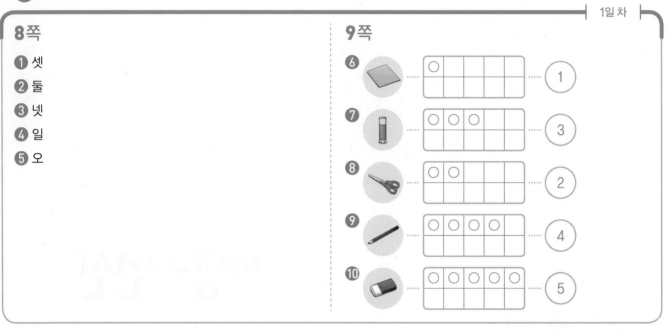

8쪽

1 셋
2 둘
3 넷
4 일
5 오

9쪽

10쪽

1 3
2 2
3 1
4 5
5 4

6 1
7 4
8 5
9 3
10 2

11쪽

11 4 / 사
12 2 / 이
13 1 / 하나
14 3 / 셋

15 5 / 오
16 4 / 넷
17 3 / 삼
18 2 / 둘

② 6부터 9까지의 수

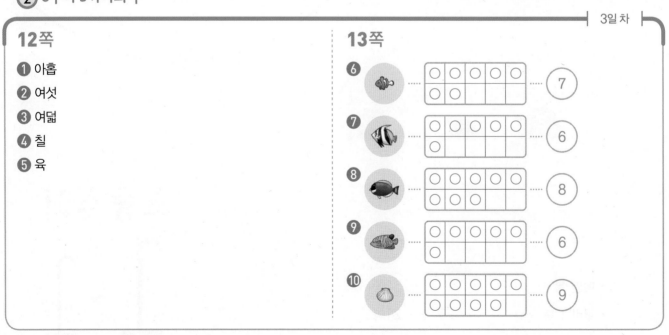

12쪽

1 아홉
2 여섯
3 여덟
4 칠
5 육

13쪽

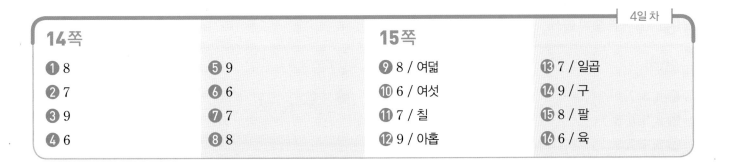

14쪽

❶ 8

❷ 7

❸ 9

❹ 6

❺ 9

❻ 6

❼ 7

❽ 8

15쪽

❾ 8 / 여덟

❿ 6 / 여섯

⓫ 7 / 칠

⓬ 9 / 아홉

⓭ 7 / 일곱

⓮ 9 / 구

⓯ 8 / 팔

⓰ 6 / 육

③ 수로 순서 나타내기

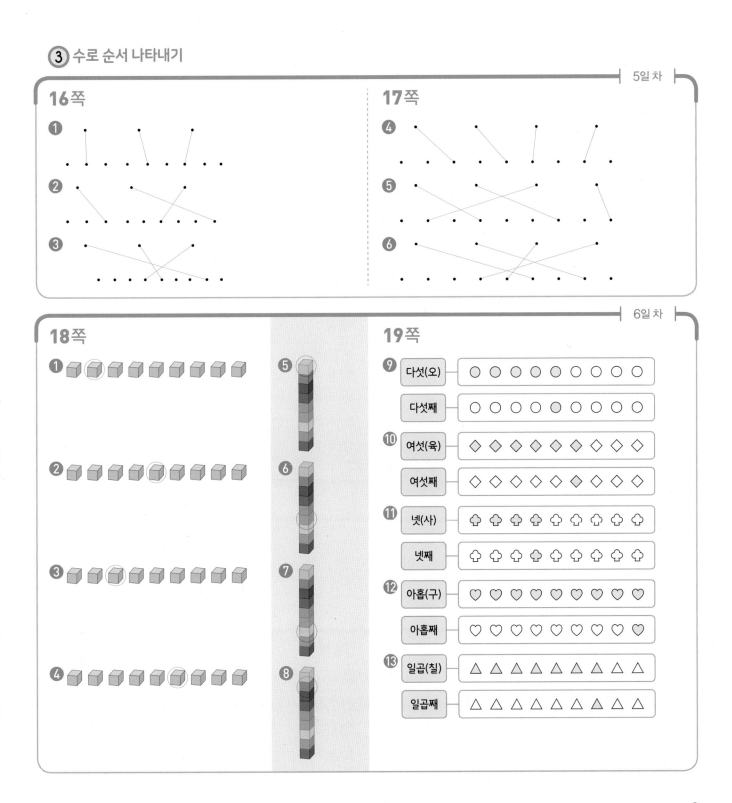

16쪽

17쪽

18쪽

19 쪽

❾ 다섯(오) / 다섯째

❿ 여섯(육) / 여섯째

⓫ 넷(사) / 넷째

⓬ 아홉(구) / 아홉째

⓭ 일곱(칠) / 일곱째

④ 9까지의 수의 순서

20쪽

❶ 3, 5, 7, 9
❷ 2, 5, 6, 8
❸ 3, 4, 7, 9
❹ 2, 4, 5, 8
❺ 3, 6, 8, 9
❻ 2, 4, 6, 7

21쪽

22쪽

❶ 4, 5, 7, 9
❷ 2, 5, 7, 8
❸ 3, 4, 6, 9
❹ 2, 3, 6, 8, 9
❺ 3, 4, 5, 7, 8
❻ 2, 4, 6, 7, 9

23쪽

❼ 5, 4
❽ 4, 2
❾ 6, 5
❿ 5, 2
⑪ 8, 7
⑫ 7, 5

⑬ 4, 3
⑭ 6, 3
⑮ 8, 6
⑯ 4, 3
⑰ 6, 4
⑱ 5, 4

⑤ 1만큼 더 큰 수, 1만큼 더 작은 수 / 0

24쪽

❶ ○○○○○, 5 / ○○○○○○○, 7
❷ ○○, 2 / ○○○○, 4
❸ ○○○○○○, 6 / ○○○○○○○○, 8
❹ ○○○, 3 / ○○○○○, 5

25쪽

❺ 2, 4
❻ 7, 9
❼ 1, 3
❽ 6, 8

❾ 5, 7
❿ 4, 6
⑪ 3, 5
⑫ 0, 2

26쪽

❶ (   ) (○)
❷ (○) (   )
❸ (   ) (○)
❹ (○) (   )
❺ (○) (   )
❻ (   ) (○)

27쪽

❼ 2
❽ 5
❾ 4
❿ 9
⓫ 7
⓬ 6
⓭ 2
⓮ 6
⓯ 8
⓰ 3
⓱ 7
⓲ 4

⑥ 9까지의 수의 크기 비교

28쪽

❶ 적습니다 / 작습니다
❷ 많습니다 / 큽니다
❸ 많습니다 / 큽니다
❹ 적습니다 / 작습니다

29쪽

❺ 5
❻ 6
❼ 4
❽ 9
❾ 6
❿ 7
⓫ 8
⓬ 5
⓭ 2
⓮ 3
⓯ 1
⓰ 4
⓱ 1
⓲ 5

30쪽

❶ / 작습니다 / 큽니다
❷ / 큽니다 / 작습니다
❸ / 작습니다 / 큽니다
❹ / 큽니다 / 작습니다
❺ / 큽니다 / 작습니다

31쪽

❻ 4에 ○표, 1에 △표
❼ 6에 ○표, 2에 △표
❽ 8에 ○표, 5에 △표
❾ 9에 ○표, 2에 △표
❿ 7에 ○표, 1에 △표
⓫ 8에 ○표, 3에 △표
⓬ 9에 ○표, 0에 △표
⓭ 7에 ○표, 2에 △표
⓮ 8에 ○표, 2에 △표
⓯ 9에 ○표, 1에 △표
⓰ 6에 ○표, 0에 △표
⓱ 7에 ○표, 1에 △표
⓲ 5에 ○표, 0에 △표
⓳ 8에 ○표, 3에 △표

32쪽

1 사

2 일곱

3 5 / 다섯

4 6 / 육

5 □□□□□□□□⊙

6

7 셋(삼) ─ ○●○○○○○○○

   셋째 ─ ○○●○○○○○○

8 여덟(팔) ─ ◇◇◇◇◇◇◇◇◇

   여덟째 ─ ◇◇◇◇◇◇◇◇◇

33쪽

9 3, 4

10 5, 7

11 4, 7

12 6, 5

13 3, 1

14 6, 4

15 0, 2

16 4, 6

17 7, 9

18 3

19 2

20 0

🔗 틀린 문제는 클리닉 북에서 보충할 수 있습니다.

1	1쪽	5	3쪽	9	4쪽	15	5쪽
2	2쪽	6	3쪽	10	4쪽	16	5쪽
3	1쪽	7	3쪽	11	4쪽	17	5쪽
4	2쪽	8	3쪽	12	4쪽	18	6쪽
				13	4쪽	19	6쪽
				14	4쪽	20	6쪽

2. 여러 가지 모양

① 여러 가지 모양 찾기

⊣ 1일 차 ├

36쪽

❶ (○)(   )(   )

❷ (   )(○)(   )

❸ (   )(○)(   )

❹ (○)(   )(   )

❺ (   )(   )(○)

37쪽

❻ (   )(○)(   )

❼ (   )(○)(   )

❽ (   )(   )(○)

❾ (   )(○)(   )

❿ (○)(   )(   )

⓫ (   )(○)(   )

⓬ (   )(   )(○)

⓭ (   )(   )(○)

⓮ (   )(○)(   )

⓯ (○)(   )(   )

② 여러 가지 모양 알아보기

2일 차

38쪽

❶ (정육면체 모양)
❷ (원기둥 모양)
❸ ○
❹ (정육면체 모양)
❺ ○

39쪽

❻ ○
❼ (원기둥 모양)
❽ (원기둥 모양)
❾ (정육면체 모양)

❿ (정육면체 모양)
⓫ (원기둥 모양)
⓬ (정육면체 모양)
⓭ ○

③ 여러 가지 모양 만들기

3일 차

40쪽

❶ 3개, 1개, 2개
❷ 5개, 2개, 2개
❸ 3개, 3개, 1개

41쪽

❹ 2개, 4개, 3개
❺ 2개, 3개, 3개
❻ 4개, 2개, 2개
❼ 4개, 4개, 3개

평가   **2. 여러 가지 모양**

4일 차

42쪽

1 (   )(○)(   )   5 (○)(   )(   )

2 (   )(   )(○)   6 (   )(○)(   )

3 (○)(   )(   )   7 (정육면체 모양)

4 (   )(   )(○)   8 ○

43쪽

9 ○
10 (정육면체 모양)
11 ○
12 (원기둥 모양)

13 1개, 5개, 1개
14 4개, 3개, 1개
15 2개, 5개, 3개

∞ 틀린 문제는 클리닉 북에서 보충할 수 있습니다.

1 7쪽	5 7쪽	9 8쪽	13 9쪽
2 7쪽	6 7쪽	10 8쪽	14 9쪽
3 7쪽	7 8쪽	11 8쪽	15 9쪽
4 7쪽	8 8쪽	12 8쪽	

3. 덧셈과 뺄셈

① 그림을 이용하여 9까지의 수 모으기

1일차

46쪽

❶ 4
❷ 5
❸ 7

47쪽

❹ 3, 1, 4
❺ 2, 2, 4
❻ 4, 4, 8

❼ 2, 3, 5
❽ 1, 5, 6
❾ 7, 2, 9

2일차

48쪽

❶ 3, 2, 5
❷ 5, 2, 7
❸ 2, 2, 4

❹ 1, 4, 5
❺ 4, 2, 6
❻ 2, 6, 8

49쪽

❼ ○○ / 2
❽ ○○○○○○○ / 7
❾ ○○○○○○○○○ / 9

❿ ○○○○○○ / 6
⓫ ○○○○○○○○ / 8
⓬ ○○○○○○○ / 7

② 9까지의 수 모으기

3일차

50쪽

❶ 5
❷ 8
❸ 8

❹ 6
❺ 7
❻ 9

51쪽

❼ 5
❽ 7
❾ 4
❿ 8
⓫ 6

⓬ 3
⓭ 9
⓮ 5
⓯ 8
⓰ 9

⓱ 7
⓲ 9
⓳ 8
⓴ 9
㉑ 7

4일차

52쪽

❶ 3
❷ 4
❸ 9
❹ 5
❺ 7

❻ 7
❼ 8
❽ 7
❾ 9
❿ 8

⓫ 6
⓬ 3
⓭ 8
⓮ 7
⓯ 9

53쪽

⓰ 2
⓱ 6
⓲ 5
⓳ 5
⓴ 8

㉑ 4
㉒ 6
㉓ 4
㉔ 5
㉕ 6

㉖ 6
㉗ 8
㉘ 8
㉙ 7
㉚ 9

③ 그림을 이용하여 9까지의 수 가르기

5일 차

54쪽

❶ 2
❷ 3
❸ 3

55쪽

❹ 4, 2, 2
❺ 5, 1, 4
❻ 9, 6, 3

❼ 5, 3, 2
❽ 6, 2, 4
❾ 7, 4, 3

6일 차

56쪽

❶ 4, 1, 3
❷ 8, 4, 4
❸ 9, 2, 7

❹ 7, 4, 3
❺ 5, 1, 4
❻ 4, 3, 1

57쪽

❼ ○ / 1
❽ ○ / 1
❾ ○○○ / 3

❿ ○○○○○ / 5
⓫ ○○○ / 3
⓬ ○○○○○ / 5

④ 9까지의 수 가르기

7일 차

58쪽

❶ 6
❷ 3
❸ 4

❹ 4
❺ 1
❻ 3

59쪽

❼ 2
❽ 4
❾ 3
❿ 5
⓫ 2

⓬ 2
⓭ 1
⓮ 2
⓯ 1
⓰ 7

⓱ 6
⓲ 1
⓳ 4
⓴ 5
㉑ 2

8일 차

60쪽

❶ 2
❷ 1
❸ 4
❹ 4
❺ 4

❻ 1
❼ 3
❽ 2
❾ 7
❿ 2

⓫ 1
⓬ 6
⓭ 2
⓮ 3
⓯ 1

61쪽

⓰ 3
⓱ 5
⓲ 2
⓳ 1
⓴ 3

㉑ 4
㉒ 6
㉓ 1
㉔ 8
㉕ 3

㉖ 1
㉗ 5
㉘ 3
㉙ 1
㉚ 7

①~④ 다르게 풀기

9일 차

62쪽

❶ 5
❷ 2
❸ 5
❹ 1

❺ 4
❻ 9
❼ 2
❽ 7

63쪽

❾ 5
❿ 3
⓫ 4

⓬ 9
⓭ 1
⓮ 9
⓯ 6, 1, 5 / 5

⑤ 덧셈식을 쓰고 읽기

10일차

64쪽

❶ 3, 3, 3

❷ 5, 5, 5

❸ 7, 7, 7

65쪽

❹ 4 / 2, 4

❺ 6 / 4, 6

❻ 7 / 2, 7

❼ 5 / 4, 5

❽ 8 / 5, 8

❾ 9 / 4, 9

⑥ 그림 그리기를 이용하여 덧셈하기

11일차

66쪽

❶ 예 / 4

❷ 예 / 7

❸ 예 / 9

67쪽

❹ 6

❺ 9

❻ 7

❼ 5

❽ 5

❾ 8

❿ 7

⓫ 3

⓬ 4

⓭ 9

⓮ 8

⓯ 8

⓰ 9

⓱ 6

⓲ 7

⓳ 6

⓴ 2

㉑ 9

㉒ 8

㉓ 4

㉔ 9

12일차

68쪽

❶ 3 / 예

❷ 5 / 예

❸ 6 / 예

❹ 7 / 예

❺ 9 / 예

❻ 6 / 예

❼ 7 / 예

❽ 8 / 예

69쪽

❾ 3

❿ 7

⓫ 4

⓬ 8

⓭ 8

⓮ 5

⓯ 9

⓰ 5

⓱ 8

⓲ 6

⓳ 9

⓴ 7

㉑ 5

㉒ 4

㉓ 7

㉔ 9

㉕ 8

㉖ 7

㉗ 9

㉘ 6

㉙ 9

⑦ 모으기를 이용하여 덧셈하기

13일차

70쪽

❶ 6 / 3, 6

❷ 7 / 6, 7

❸ 5 / 3, 5

71쪽

❹ 5

❺ 7

❻ 9

❼ 3

❽ 8

❾ 6

❿ 8

⓫ 5

⓬ 9

⓭ 6

⓮ 4

⓯ 7

⓰ 9

⓱ 8

⓲ 7

⓳ 9

⓴ 8

㉑ 9

㉒ 6

㉓ 8

㉔ 9

72쪽

❶ 4 / 2, 4
❷ 5 / 4, 5
❸ 6 / 4, 6
❹ 8 / 3, 8

❺ 7 / 3, 7
❻ 6 / 1, 6
❼ 9 / 2, 9
❽ 9 / 6, 9

73쪽

❾ 2
❿ 7
⓫ 5
⓬ 5
⓭ 3
⓮ 5
⓯ 8

⓰ 9
⓱ 3
⓲ 6
⓳ 4
⓴ 6
㉑ 6
㉒ 8

㉓ 9
㉔ 8
㉕ 8
㉖ 7
㉗ 8
㉘ 9
㉙ 9

⑧ 뺄셈식을 쓰고 읽기

74쪽

❶ 2, 2, 2
❷ 3, 3, 3
❸ 2, 2, 2

75쪽

❹ 1 / 3, 1
❺ 4 / 2, 4
❻ 5 / 4, 5

❼ 5 / 1, 5
❽ 1 / 6, 1
❾ 6 / 2, 6

⑨ 그림 그리기를 이용하여 뺄셈하기

76쪽

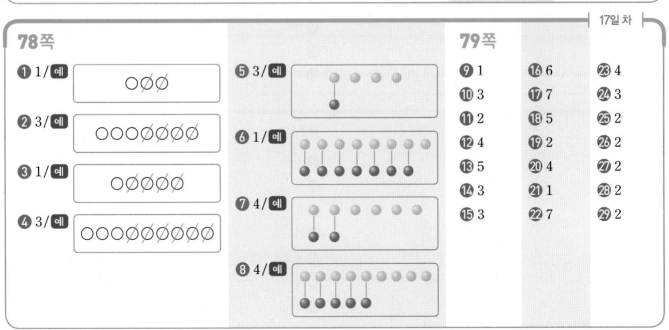

❶ 예 ○○∅∅ / 2
❷ 예 ○○○○○∅∅ / 4
❸ 예 ... / 1

77쪽

❹ 1
❺ 7
❻ 1
❼ 1
❽ 4
❾ 1
❿ 1

⓫ 6
⓬ 5
⓭ 3
⓮ 3
⓯ 2
⓰ 8
⓱ 5

⓲ 4
⓳ 4
⓴ 2
㉑ 7
㉒ 3
㉓ 5
㉔ 6

78쪽

❶ 1/ 예 ○∅∅
❷ 3/ 예 ○○○∅∅∅∅
❸ 1/ 예 ○∅∅∅∅
❹ 3/ 예 ○○○○○∅∅∅∅

❺ 3/ 예
❻ 1/ 예
❼ 4/ 예
❽ 4/ 예

79쪽

❾ 1
❿ 3
⓫ 2
⓬ 4
⓭ 5
⓮ 3
⓯ 3

⓰ 6
⓱ 7
⓲ 5
⓳ 2
⓴ 4
㉑ 1
㉒ 7

㉓ 4
㉔ 3
㉕ 2
㉖ 2
㉗ 2
㉘ 2
㉙ 2

⑩ 가르기를 이용하여 뺄셈하기

18일 차

80쪽

❶ 4 / 4
❷ 3 / 3
❸ 6 / 6

81쪽

❹ 1
❺ 2
❻ 2
❼ 2
❽ 2
❾ 4
❿ 6

⓫ 3
⓬ 1
⓭ 1
⓮ 4
⓯ 8
⓰ 3
⓱ 5

⓲ 5
⓳ 2
⓴ 5
㉑ 4
㉒ 3
㉓ 3
㉔ 5

19일 차

82쪽

❶ 1 / 1
❷ 5 / 5
❸ 6 / 6
❹ 5 / 5

❺ 3 / 3
❻ 3 / 3
❼ 6 / 6
❽ 4 / 4

83쪽

❾ 3
❿ 1
⓫ 2
⓬ 2
⓭ 5
⓮ 1
⓯ 2

⓰ 6
⓱ 4
⓲ 2
⓳ 3
⓴ 7
㉑ 1
㉒ 3

㉓ 2
㉔ 1
㉕ 4
㉖ 7
㉗ 2
㉘ 5
㉙ 6

⑪ 0을 더하거나 빼기

20일 차

84쪽

❶ 1
❷ 2
❸ 5
❹ 0

85쪽

❺ 1
❻ 3
❼ 5
❽ 6
❾ 9
❿ 2
⓫ 7

⓬ 4
⓭ 8
⓮ 7
⓯ 6
⓰ 0
⓱ 4
⓲ 0

⓳ 6
⓴ 0
㉑ 8
㉒ 0
㉓ 7
㉔ 0
㉕ 9

21일 차

86쪽

❶ 0, 4
❷ 0, 7
❸ 0, 3
❹ 0, 5

❺ 0, 6
❻ 0, 8
❼ 5, 0
❽ 7, 0

87쪽

❾ 1
❿ 2
⓫ 5
⓬ 6
⓭ 8
⓮ 4
⓯ 6

⓰ 7
⓱ 9
⓲ 8
⓳ 4
⓴ 0
㉑ 9
㉒ 0

㉓ 0
㉔ 5
㉕ 0
㉖ 2
㉗ 0
㉘ 7
㉙ 0

⑤ ~ ⑪ 다르게 풀기

22일 차

88쪽

❶ 4　　　　❺ 3
❷ 7　　　　❻ 6
❸ 4　　　　❼ 3
❹ 9　　　　❽ 5

89쪽

❾ 6　　　　⓭ 4
❿ 5　　　　⓮ 1
⓫ 3　　　　⓯ 4
⓬ 8　　　　⓰ 0
　　　　　　⓱ 5, 3, 8

비법 강의 초등에서 푸는 방정식 계산 비법

23일 차

90쪽

❶ 2, 2　　　　❹ 3, 3
❷ 1, 1　　　　❺ 7, 7
❸ 2, 2　　　　❻ 9, 9

91쪽

❼ 2, 2　　　　⓬ 4, 4
❽ 4, 4　　　　⓭ 5, 5
❾ 4, 4　　　　⓮ 6, 6
❿ 2, 2　　　　⓯ 8, 8
⓫ 1, 1　　　　⓰ 9, 9

평가 3. 덧셈과 뺄셈

24일 차

92쪽

1　5　　　　5　8 / 8
2　4　　　　6　1 / 1
3　7　　　　7　8 /
4　2

예 □□□□□ / □□□

8　5 /

예 ○○○○○○⊘

93쪽

9　7 / 7　　　　16　9
10　2 / 2　　　17　9
11　6　　　　　18　2
12　3　　　　　19　4
13　4　　　　　20　4
14　9
15　0

🔗 틀린 문제는 클리닉 북에서 보충할 수 있습니다.

1　11쪽　　　　5　15쪽　　　　9　17쪽　　　13　21쪽　　　16　16쪽, 17쪽　　20　21쪽
2　13쪽　　　　6　18쪽　　　　10　20쪽　　14　21쪽　　　17　16쪽, 17쪽
3　12쪽　　　　7　16쪽　　　　11　16쪽, 17쪽　15　21쪽　　　18　19쪽, 20쪽
4　14쪽　　　　8　19쪽　　　　12　19쪽, 20쪽　　　　　　　19　19쪽, 20쪽

4. 비교하기

① 길이의 비교

1일차

96쪽

❶ (○)
  (   )

❷ (○)
  (   )

❸ (   )
  (○)

❹ (○)
  (   )

97쪽

❺ (   )
  (△)

❻ (△)
  (   )

❼ (△)
  (   )

❽ (   )
  (△)

❾ (○)
  (△)
  (   )

❿ (○)
  (   )
  (△)

⓫ (△)
  (○)
  (   )

⓬ (△)
  (   )
  (○)

② 무게의 비교

2일차

98쪽

❶ (○)(   )
❷ (○)(   )
❸ (   )(○)
❹ (   )(○)

99쪽

❺ (△)(   )
❻ (   )(△)
❼ (   )(△)
❽ (△)(   )

❾ (   )(△)(○)
❿ (   )(△)(○)
⓫ (○)(   )(△)
⓬ (   )(△)(○)

③ 넓이의 비교

3일차

100쪽

❶ (○)(   )
❷ (   )(○)
❸ (   )(   )
❹ (   )(○)

101쪽

❺ (△)(   )
❻ (   )(△)
❼ (   )(△)
❽ (△)(   )

❾ (   )(○)(△)
❿ (   )(△)(○)
⓫ (△)(○)(   )
⓬ (○)(   )(△)

④ 담을 수 있는 양의 비교

4일차

102쪽

❶ (   )(○)
❷ (○)(   )
❸ (○)(   )
❹ (   )(○)

103쪽

❺ (   )(△)
❻ (△)(   )
❼ (   )(△)
❽ (   )(△)

❾ (△)(○)(   )
❿ (   )(△)(○)
⓫ (○)(   )(△)
⓬ (△)(   )(○)

평가 4. 비교하기

5일차

104쪽

1 (   )
  (○)
2 (○)
  (   )
3 (○)
  (   )
4 (△)
  (   )
  (○)
5 (   )
  (△)
  (○)

6 (   )(△)
7 (△)(   )
8 (   )(△)
9 (   )(△)(○)
10 (○)(△)(   )

105쪽

11 (   )(○)
12 (○)(   )
13 (○)(   )
14 (○)(   )(△)
15 (○)(△)(   )

16 (△)(   )
17 (   )(△)
18 (   )(△)
19 (△)(○)(   )
20 (   )(○)(△)

🔗 틀린 문제는 클리닉 북에서 보충할 수 있습니다.

1	23쪽	6	24쪽	11	25쪽	16	26쪽
2	23쪽	7	24쪽	12	25쪽	17	26쪽
3	23쪽	8	24쪽	13	25쪽	18	26쪽
4	23쪽	9	24쪽	14	25쪽	19	26쪽
5	23쪽	10	24쪽	15	25쪽	20	26쪽

5. 50까지의 수

1일차

108쪽

❶ 10
❷ 7, 10
❸ 5
❹ 10, 2

109쪽

❺ 10
❻ 10
❼ 5, 10

❽ 7
❾ 1
❿ 10, 6

2일차

110쪽

❶ 10
❷ 2
❸ 10
❹ 4
❺ 10

❻ 1
❼ 7
❽ 10
❾ 5
❿ 10

111쪽

⓫ 4
⓬ 7
⓭ 1
⓮ 5
⓯ 8

⓰ 5
⓱ 9
⓲ 2
⓳ 3
⓴ 6

비법 강의 수 감각을 키우면 **빨라지는 계산 비법**

3일차

112쪽

❶ 9, 6
❷ 3, 7
❸ 10, 7

❹ 6, 8
❺ 5, 6
❻ 10, 1

113쪽

❼ 4, 6
❽ 1, 7
❾ 10, 1
❿ 2, 7
⓫ 7, 4

⓬ 1, 8
⓭ 4, 5
⓮ 10, 8
⓯ 8, 9
⓰ 3, 2

② 십몇 알아보기

4일 차

114쪽

❶ 15
❷ 13
❸ 17
❹ 19
❺ 12
❻ 11
❼ 16
❽ 18

115쪽

❾ 열둘
❿ 십오
⓫ 십칠
⓬ 열넷
⓭ 열하나
⓮ 십육
⓯ 열셋
⓰ 십구

5일 차

116쪽

❶ 14
❷ 18
❸ 12
❹ 15
❺ 17
❻ 1, 3
❼ 1, 1
❽ 1, 9
❾ 1, 8
❿ 1, 6

117쪽

⓫ 12 / 십이
⓬ 15 / 열다섯
⓭ 16 / 열여섯
⓮ 11 / 십일
⓯ 13 / 십삼
⓰ 19 / 열아홉

③ 19까지의 수 모으기

6일 차

118쪽

119쪽

❺ 4, 13
❻ 9, 9, 18
❼ 10, 6, 16
❽ 5, 11
❾ 9, 8, 17
❿ 5, 10, 15

7일 차

120쪽

❶ 13
❷ 12
❸ 11
❹ 15
❺ 16
❻ 17
❼ 13
❽ 14
❾ 11
❿ 12
⓫ 19
⓬ 18
⓭ 16
⓮ 15
⓯ 17

121쪽

⓰ 12
⓱ 16
⓲ 11
⓳ 14
⓴ 13
㉑ 17
㉒ 15
㉓ 19
㉔ 14
㉕ 18

4 19까지의 수 가르기

122쪽

❶ ○○○○○
　○○○

❷ ○○○
　○○○

❸ ○○○○○○
　○○○

❹ ○○○○
　○○○

8일차

123쪽

❺ 7
❻ 6, 8
❼ 15, 9, 6

❽ 8
❾ 7, 10
❿ 18, 10, 8

9일차

124쪽

❶ 5
❷ 7
❸ 8
❹ 9
❺ 7

❻ 7
❼ 9
❽ 9
❾ 7
❿ 10

⓫ 6
⓬ 10
⓭ 11
⓮ 2
⓯ 12

125쪽

⓰ 3
⓱ 14
⓲ 9
⓳ 3
⓴ 11

㉑ 14
㉒ 9
㉓ 13
㉔ 8
㉕ 12

5 10개씩 묶어 세기

126쪽

10일차

❶ 2, 20
❷ 5, 50
❸ 3, 30
❹ 4, 40

127쪽

❺ 이십
❻ 오십
❼ 서른
❽ 마흔

❾ 삼십
❿ 스물
⓫ 사십
⓬ 쉰

11일차

128쪽

❶ 20
❷ 40
❸ 30
❹ 50

❺ 4
❻ 3
❼ 5
❽ 2

129쪽

❾ 20 / 이십
❿ 40 / 사십
⓫ 30 / 서른

⓬ 40 / 마흔
⓭ 30 / 삼십
⓮ 50 / 쉰

6 50까지의 수 세기

12일 차

130쪽

❶ 34
❷ 25
❸ 48
❹ 36
❺ 43
❻ 22
❼ 31
❽ 39

131쪽

❾ 이십육
❿ 삼십이
⓫ 마흔하나
⓬ 서른일곱
⓭ 사십삼
⓮ 스물여덟
⓯ 이십사
⓰ 삼십구
⓱ 사십오
⓲ 서른다섯

13일 차

132쪽

❶ 26
❷ 44
❸ 32
❹ 29
❺ 47
❻ 3, 9
❼ 2, 5
❽ 4, 8
❾ 2, 3
❿ 3, 1

133쪽

⓫ 33 / 삼십삼
⓬ 27 / 이십칠
⓭ 46 / 마흔여섯
⓮ 21 / 스물하나
⓯ 38 / 서른여덟
⓰ 49 / 사십구

7 50까지의 수의 순서

14일 차

134쪽

❶ 16
❷ 28
❸ 44
❹ 32
❺ 17
❻ 39
❼ 25

135쪽

❽ 13, 15
❾ 34, 36
❿ 25, 27
⓫ 41, 43
⓬ 37, 39
⓭ 22, 24
⓮ 19, 21
⓯ 10, 12
⓰ 33, 35
⓱ 48, 50

15일 차

136쪽

❶ 24, 25
❷ 32, 34
❸ 18, 19
❹ 45, 47
❺ 21, 24
❻ 40, 41
❼ 15, 16, 18
❽ 34, 36, 37
❾ 24, 25, 26
❿ 15, 17, 19
⓫ 29, 31, 32
⓬ 47, 49, 50

137쪽

⓭ 3, 6, 8, 10, 11
⓮ 21, 22, 24, 28, 30
⓯ 33, 36, 38, 41, 43
⓰ 12, 15, 17, 20, 21
⓱ 26, 27, 29, 33, 35
⓲ 19, 22, 25, 27, 28
⓳ 10, 11, 13, 16, 19
⓴ 39, 41, 44, 46, 49

⑧ 50까지의 수의 크기 비교

16일 차

138쪽

❶ 작습니다 / 큽니다
❷ 큽니다 / 작습니다
❸ 큽니다 / 작습니다

139쪽

❹ 작습니다
❺ 큽니다
❻ 작습니다
❼ 큽니다
❽ 큽니다
❾ 작습니다
❿ 큽니다

⓫ 작습니다
⓬ 작습니다
⓭ 큽니다
⓮ 큽니다
⓯ 작습니다
⓰ 큽니다
⓱ 큽니다

17일 차

140쪽

❶ 23
❷ 17
❸ 41
❹ 27
❺ 42
❻ 46
❼ 31

❽ 32
❾ 27
❿ 24
⓫ 15
⓬ 23
⓭ 36
⓮ 14

141쪽

⓯ 26
⓰ 17
⓱ 42
⓲ 47
⓳ 35
⓴ 38
㉑ 30

㉒ 27
㉓ 19
㉔ 20
㉕ 31
㉖ 17
㉗ 33
㉘ 22

평가 5. 50까지의 수

18일 차

142쪽

1 10
2 7
3 12
4 40
5 27

6 15
7 14
8 10
9 6
10 12

143쪽

11 십칠
12 서른
13 이십사
14 마흔둘
15 삼십구

16 23, 25
17 39, 42, 43
18 35
19 21
20 49

🔗 틀린 문제는 클리닉 북에서 보충할 수 있습니다.

1 27쪽	6 29쪽	11 28쪽	16 33쪽
2 27쪽	7 29쪽	12 31쪽	17 33쪽
3 28쪽	8 30쪽	13 32쪽	18 34쪽
4 31쪽	9 30쪽	14 32쪽	19 34쪽
5 32쪽	10 30쪽	15 32쪽	20 34쪽

1. 9까지의 수

1쪽 ① 1부터 5까지의 수

❶ 셋　　　　❷ 둘
❸ 하나　　　❹ 오
❺ 사　　　　❻ 삼
❼ 5　　　　❽ 1
❾ 3　　　　❿ 2

2쪽 ② 6부터 9까지의 수

❶ 일곱　　　❷ 여섯
❸ 팔　　　　❹ 구
❺ 6　　　　❻ 8
❼ 9　　　　❽ 7

3쪽 ③ 수로 순서 나타내기

❶
| 셋(삼) | ● ● ● ○ ○ ○ ○ ○ ○ |
| 셋째 | ○ ○ ● ○ ○ ○ ○ ○ ○ |

❷
| 일곱(칠) | ♣ ♣ ♣ ♣ ♣ ♣ ♣ ♧ ♧ |
| 일곱째 | ♧ ♧ ♧ ♧ ♧ ♧ ♣ ♧ ♧ |

❸
| 다섯(오) | ♥ ♥ ♥ ♥ ♥ ♡ ♡ ♡ ♡ |
| 다섯째 | ♡ ♡ ♡ ♡ ♥ ♡ ♡ ♡ ♡ |

❹
| 아홉(구) | ■ □ ■ ■ ■ ■ ■ ■ □ |
| 아홉째 | □ □ □ □ □ □ □ □ ■ |

❺
| 여섯(육) | △ △ △ △ △ △ △ △ △ |
| 여섯째 | △ △ △ △ △ △ △ △ △ |

4쪽 ④ 9까지의 수의 순서

❶ 4, 6, 8, 9
❷ 3, 6, 7, 9
❸ 2, 3, 5, 8
❹ 3, 5, 6, 8, 9
❺ 2, 4, 5, 8, 9
❻ 3, 5, 6, 7, 9

5쪽 ⑤ 1만큼 더 큰 수, 1만큼 더 작은 수 / 0

❶ 3, 5　　　❷ 0, 2
❸ 6, 8　　　❹ 4, 6
❺ 5, 7　　　❻ 7, 9
❼ 3　　　　❽ 4
❾ 8　　　　❿ 0
⓫ 4　　　　⓬ 8

6쪽 ⑥ 9까지의 수의 크기 비교

❶ 4　　　　❷ 8
❸ 7　　　　❹ 6
❺ 5　　　　❻ 9
❼ 8　　　　❽ 7
❾ 1　　　　❿ 5
⓫ 2　　　　⓬ 4
⓭ 6　　　　⓮ 7
⓯ 1　　　　⓰ 0

2. 여러 가지 모양

7쪽 ① 여러 가지 모양 찾기

❶ △　　　❷ □　　　❸ □
❹ ○　　　❺ △　　　❻ □
❼ △　　　❽ □　　　❾ △
❿ △　　　⓫ ○　　　⓬ △
⓭ □　　　⓮ △　　　⓯ ○

❶ (원기둥 모양) ❷ (구 모양)
❸ (상자 모양) ❹ (원기둥 모양)
❺ (상자 모양) ❻ (원기둥 모양)
❼ (상자 모양) ❽ (구 모양)

9쪽 3 여러 가지 모양 만들기

❶ 2개, 4개, 1개
❷ 1개, 6개, 1개
❸ 4개, 3개, 6개
❹ 4개, 3개, 3개

3. 덧셈과 뺄셈

11쪽 1 그림을 이용하여 9까지의 수 모으기

❶ 3 ❷ 4
❸ 6 ❹ 7
❺ 7 ❻ 8

12쪽 2 9까지의 수 모으기

❶ 2 ❷ 4 ❸ 8
❹ 6 ❺ 4 ❻ 7
❼ 9 ❽ 9 ❾ 5
❿ 8 ⓫ 7 ⓬ 9
⓭ 9 ⓮ 8 ⓯ 9

13쪽 3 그림을 이용하여 9까지의 수 가르기

❶ 1 ❷ 2
❸ 3 ❹ 4
❺ 4 ❻ 5

14쪽 4 9까지의 수 가르기

❶ 1 ❷ 1 ❸ 2
❹ 4 ❺ 2 ❻ 3
❼ 1 ❽ 4 ❾ 1
❿ 4 ⓫ 1 ⓬ 3
⓭ 4 ⓮ 3 ⓯ 5

15쪽 5 덧셈식을 쓰고 읽기

❶ 3 / 1, 3 ❷ 5 / 2, 5
❸ 6 / 3, 6 ❹ 7 / 4, 7
❺ 8 / 2, 8 ❻ 9 / 6, 9

16쪽 6 그림 그리기를 이용하여 덧셈하기

❶ 4 / 예
❷ 5 / 예
❸ 6 / 예
❹ 7 / 예
❺ 5 ❻ 3 ❼ 6
❽ 6 ❾ 8 ❿ 7
⓫ 9 ⓬ 8 ⓭ 9

17쪽 7 모으기를 이용하여 덧셈하기

❶ 3 / 2, 3 ❷ 4 / 2, 4 ❸ 5 / 1, 5
❹ 6 / 1, 6 ❺ 7 / 3, 7 ❻ 8 / 5, 8
❼ 5 ❽ 8 ❾ 7
❿ 8 ⓫ 7 ⓬ 9
⓭ 9 ⓮ 8 ⓯ 9

18쪽 ❽ 뺄셈식을 쓰고 읽기

❶ 2 / 3, 2 　　　❷ 4 / 2, 4
❸ 4 / 5, 4 　　　❹ 2 / 2, 2
❺ 1 / 5, 1 　　　❻ 3 / 4, 3

19쪽 ❾ 그림 그리기를 이용하여 뺄셈하기

❶ 1 / 예
| ○ ⌀ |

❷ 2 / 예
| ○ ○ ⌀ ⌀ ⌀ |

❸ 4 / 예

❹ 2 / 예

❺ 1 　　　❻ 3 　　　❼ 1
❽ 2 　　　❾ 2 　　　❿ 6
⓫ 3 　　　⓬ 3 　　　⓭ 2

20쪽 ❿ 가르기를 이용하여 뺄셈하기

❶ 1 / 1 　　　❷ 1 / 1 　　　❸ 3 / 3
❹ 2 / 2 　　　❺ 2 / 2 　　　❻ 8 / 8
❼ 1 　　　❽ 2 　　　❾ 2
❿ 3 　　　⓫ 4 　　　⓬ 3
⓭ 1 　　　⓮ 5 　　　⓯ 5

21쪽 ⓫ 0을 더하거나 빼기

❶ 1 　　　❷ 3 　　　❸ 4
❹ 2 　　　❺ 8 　　　❻ 5
❼ 7 　　　❽ 9 　　　❾ 6
❿ 8 　　　⓫ 0 　　　⓬ 3
⓭ 0 　　　⓮ 8 　　　⓯ 5
⓰ 0 　　　⓱ 9 　　　⓲ 0
⓳ 4 　　　⓴ 0 　　　㉑ 6

4. 비교하기

23쪽 ❶ 길이의 비교

❶ (　　)　　　　❷ (○)
　　(○)　　　　　　(　)
❸ (○)　　　　❹ (○)
　　(　)　　　　　　(　)
❺ (　)　　　　❻ (△)
　　(△)　　　　　　(　)
❼ (△)　　　　❽ (　)
　　(　)　　　　　　(△)
❾ (○)　　　　❿ (○)
　　(　)　　　　　　(△)
　　(△)　　　　　　(　)

24쪽 ❷ 무게의 비교

❶ (　)(○)　　　　❷ (○)(　)
❸ (○)(　)　　　　❹ (　)(○)
❺ (　)(△)　　　　❻ (△)(　)
❼ (△)(　)　　　　❽ (　)(△)
❾ (○)(　　)(△)　　❿ (　　)(○)(△)

25쪽 ❸ 넓이의 비교

❶ (○)(　)　　　　❷ (○)(　)
❸ (○)(　)　　　　❹ (　)(○)
❺ (　)(△)　　　　❻ (　)(△)
❼ (△)(　)　　　　❽ (△)(　)
❾ (○)(△)(　　)　　❿ (　　)(○)(△)

26쪽 ❹ 담을 수 있는 양의 비교

❶ (○)(　)　　　　❷ (　)(○)
❸ (　)(○)　　　　❹ (○)(　)
❺ (　)(△)　　　　❻ (　)(△)
❼ (　)(△)　　　　❽ (△)(　)
❾ (△)(　　)(○)　　❿ (○)(△)(　　)

5. 50까지의 수

27쪽 ① 10 알아보기

❶ 10
❷ 10
❸ 4
❹ 1
❺ 8
❻ 5
❼ 3
❽ 2
❾ 9
❿ 7

28쪽 ② 십몇 알아보기

❶ 12
❷ 11
❸ 18
❹ 15
❺ 14 / 십사
❻ 16 / 열여섯
❼ 19 / 십구
❽ 17 / 열일곱

29쪽 ③ 19까지의 수 모으기

❶ 12
❷ 11
❸ 13
❹ 14
❺ 17
❻ 11
❼ 14
❽ 18
❾ 15
❿ 13
⓫ 12
⓬ 19
⓭ 18
⓮ 16
⓯ 19

30쪽 ④ 19까지의 수 가르기

❶ 7
❷ 8
❸ 7
❹ 9
❺ 6
❻ 6
❼ 7
❽ 3
❾ 9
❿ 3
⓫ 12
⓬ 10
⓭ 7
⓮ 10
⓯ 13

31쪽 ⑤ 10개씩 묶어 세기

❶ 40
❷ 30
❸ 2
❹ 5
❺ 30 / 삼십
❻ 20 / 스물
❼ 50 / 오십
❽ 40 / 마흔

32쪽 ⑥ 50까지의 수 세기

❶ 27
❷ 48
❸ 35
❹ 41
❺ 24 / 이십사
❻ 32 / 서른둘
❼ 43 / 사십삼
❽ 39 / 삼십구

33쪽 ⑦ 50까지의 수의 순서

❶ 18, 20
❷ 34, 36
❸ 26, 28
❹ 42, 44
❺ 12, 14, 17, 19, 21
❻ 30, 33, 35, 37, 40
❼ 23, 26, 28, 29, 32
❽ 40, 43, 45, 49, 50

34쪽 ⑧ 50까지의 수의 크기 비교

❶ 23
❷ 39
❸ 36
❹ 17
❺ 31
❻ 47
❼ 48
❽ 41
❾ 12
❿ 28
⓫ 16
⓬ 32
⓭ 36
⓮ 45
⓯ 21
⓰ 26